一天就能完成的
南美風
繩編飾品

anudo 鎌田武志／著　許倩珮／譯

U0056247

麥克拉梅
獨創技法
大公開！

麥克拉梅是一種越做越有發現的有趣工藝

一點點的好奇心，加上居住在加拿大的契機，我從2005年起把旅行變成了自己的一部分。

因為很想接觸至今仍存留在拉丁美洲各國的原住民生活及文化，我在美洲大陸東南西北來來去去，跨越了約50道的國界線，就像是生活在那片土地上一樣，走訪了許多地方。連續3年的旅程中，我過著悠閒、但總有新發現的刺激生活，至今從未經歷過的事物讓時間也變得更加充實。

在亞馬遜叢林裡，奇妙的植物和生物讓我充滿驚奇。搭了數千公里的便車，去了現在仍然不知道該怎麼去、在地圖上連名字都沒有的稀有岩群風景區，從車窗看到了七彩顏色的斷層以及天空的顏色、大海的顏色。這些大自然的造形和種種的色彩，經常帶給我百看不厭的感動。在這段期間裡，我的視線也總是會受到紡織品、刺繡和當地村落的獨特手工藝製品所吸引。

和麥克拉梅的邂逅，是在從英語圈變成西班牙語圈，人們的朝氣和鮮明度增加，在路邊鋪著布販賣東西的人越來越常見的墨西哥以南的國家開始的。我原本連麥克拉梅這個名詞都沒聽過，所以當時是把它當成「幸運繩」之類的東西看待。這門工藝相當平易近人，不需要任何道具就能輕易製作，不管是當地人或旅客，只要是簡單的東西都做得出來，所以我也買了同樣的繩子，隨性地開始製作起來。

有一天，在玻利維亞的首都拉巴斯，一個當地的女孩子把身上配戴的幸運繩送給我，作為「amistad」（友誼）的標誌。那是我第一次拿到麥克拉梅，所以仔仔細細觀察了一番。邊看著它邊用其他的繩子實際地打結拆結反覆嘗試，直到看出基本的編結方法和構造為止總共花費了大約一個月的時間。（P.2照片右下角的幸運繩就是我收到的禮物。上面繞成環狀的那個，則是當時我觀察後做出來的幸運繩，也是P.10 Origen的設計）後來我持續製作這個種類，總算做得有模有樣之後，我也練就出只看外觀就能知道整體結構的本領。在沒有書籍網路也沒人教導、只能一心一意面對繩子的情況下，我直接感受到麥克拉梅的深奧。

越做就越有發現，非常有趣。
理論一點也不重要。
不管形狀或方法，只要想得到的都做得出來。
能夠把構想的東西以喜歡的形式創造出來，實在是有趣得讓人停不下來，對吧？
這就是我一直以來的感受。

當時的旅行記憶、以及現在仍會定期造訪的形形色色國家與自然風景，都是我在創作作品時的靈感來源。

本書介紹的作品，從樸實不做作的設計到可以活動、甚至有點複雜的東西，每一樣都是一天就能完成。可以當作配戴在身上的飾品，或是作為日常使用的小裝飾等等，讓麥克拉梅這項編織技巧貼近更多人的生活，是我最大的喜悅。

anudo 鎌田武志

在南美的旅行中，不管是筆袋、錢包、打火機袋等，凡是自己覺得方便或必要的東西，我都會自己做來使用。只要有繩子什麼東西都做得出來的麥克拉梅，就是在這樣的環境中自由地發展出來。

Contents

麥克拉梅是一種越做越有發現的有趣工藝　2

卷頭頁的作品，其標示頁碼後方的▲～▲▲▲▲代表
作品的難易度。
隨著▲記號的增加，記號圖和編結法的種類
也會跟著增加，是比較費時的作品。
製作作品時請當作參考。

照片是作者在中南美洲旅行時所拍攝的。

Playa & Rombo & Punto

普拉雅＆龍博＆龐托

岸邊、菱形與點點

作法　普拉雅No.1、No.2 ► P.50 [⚐]
　　　龍博No.3 ► P.51 [⚐]
　　　龐托No.4 ► P.52 [⚐]

普拉雅只使用捲結、
龐托只使用反捲結、
龍博則是以反捲結加
雀頭結編織而成，
非常適合麥克拉梅的初學者。

在夕陽西下之前的短暫時刻，
只要有時間，我都會登上小懸崖，
來到正對著那片美景的頭等席。
閃閃發亮的浪花和
殘留在沙灘上的漸層色彩，
隨著時間悠閒地流動的岸邊（playa）
是靜心思考的最佳場所。

由菱形（rombo）、條紋花樣、動物圖案
以及花朵圖案等規律圖形編織而成，
每個村落色彩繽紛的民族服裝
都各有其富含寓意的傳統花紋及顏色。

想要欣賞夜景而繼續在高台上等待的話，
就會看到燈光一點一點亮起來的城鎮。
暖色燈光的點點（punto）散布各處，
即使在那樣的偏僻場所也會出現。
小漏斗狀的城鎮光線慢慢地擴散四溢。

左起
No.1, No.2, No.3, N
從正面看的樣子

從背面看的樣

6

Cinturón para libro 辛圖隆·帕拉·利布羅
書本束帶

作法 ► P.53 [♣♣]

No.5

除了當作「書本束帶」用在書和筆記本上之外，
也可以用來綑綁衣物或毛巾等等，
在打包行李的時候就能派上用場。
用途五花八門，方便好用的旅行小物，
即使鬆緊帶變鬆或斷掉，
也能輕鬆地更換修復，無須擔心。
以捲結、反捲結、線條結製作而成。

Marcador 馬卡多爾
書籤

作法 ► P.54 [人]

從書本上下兩側微微探出頭來、
葉子造型的「書籤」，
是我在練習線條結的時候創作出來的。
和偶遇的旅行夥伴交換彼此的書是很有趣的事，
除了帶來新發現之外，也能多少了解對方是什麼樣的人。

No.6

連接在三股編繩兩端的裝飾配件
也可以換成書中介紹的其他裝飾配件。
請依照書的長度來調整三股編繩的長度。

上起 **No.7, No.8, No.9**

Origen 歐利亨

起源

作法 ► P.56 [🙎🙎]

單用捲結編織而成的方格花樣。
顏色組合不同的話，呈現的表情也會有所改變。

我在位居世界最高處、
名為「和平」的首都邂逅了一個女孩。
她把繫在手上的幸運繩
送給充滿興趣的我的那一刻，
就是我麥克拉梅生涯的「開始」。

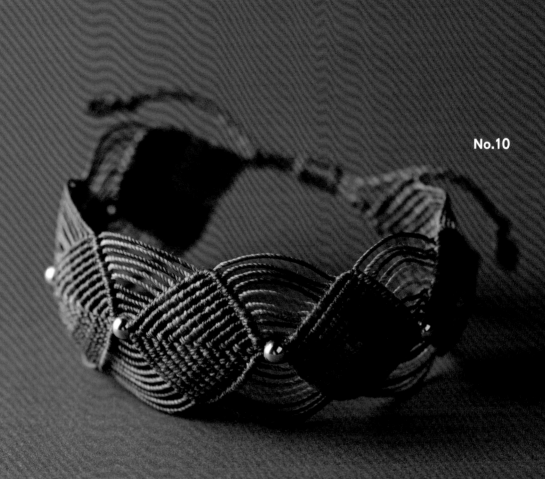

Ondulante 翁杜蘭提

波紋

作法 ► P.46 [🌲🌲]

在墨西哥琥珀礦山的陰暗無光洞窟中，
踏出的每一步都會讓空氣震盪彈出，
化為看不到的聲音「波紋」襲擊而來。
厚重色彩的重疊，讓我回想起當時的情景。

No.11

在捲結和反捲結之中加入珠子作為裝飾。編織時,讓繩子的鬆緊力道保持一致是做出美麗作品的重點所在。
用平結簡單地做出扣頭,不僅能調整長短,穿脫也很方便。

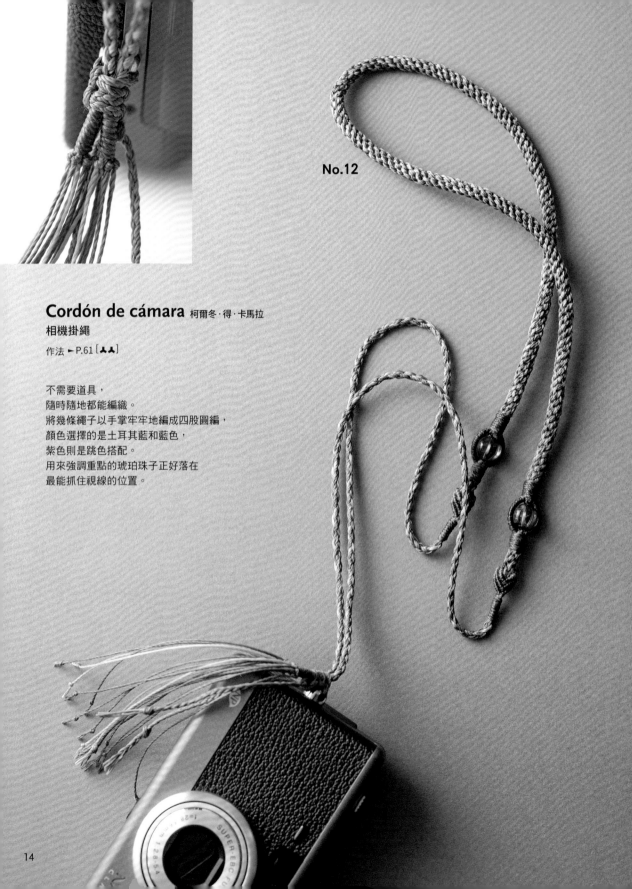

No.12

Cordón de cámara 柯爾冬·得·卡馬拉
相機掛繩

作法 ► P.61 [👤👤]

不需要道具，
隨時隨地都能編織。
將幾條繩子以手掌牢牢地編成四股圓編，
顏色選擇的是土耳其藍和藍色，
紫色則是跳色搭配。
用來強調重點的琥珀珠子正好落在
最能抓住視線的位置。

No.13

No.14

Cuatro nudos 庫阿特羅·努多斯
四股圓編

作法 ► P.49 [人]

在安地斯有種比紡織品更加立體的繩編
吸引了我的注意。
使用的是相似卻又不同的組、結、編、織的技法。
在編結技巧上被稱作「四股圓編」這個名詞，
我是在回到日本數年之後才知道的。
這款手環正是用帶有金屬質感的繩子，
以「四股圓編」編織而成。

Cruz 克魯斯
十字架

作法 ► P.57 [⚚⚚⚚]

在中南美洲，
經由陸路前往下一個城鎮時，
我總會先往一個地方前進，
那就是位在城鎮中心的教堂。
在巨大的「十字架」周邊
有當天的落腳處和餐館，
是個可以和許多人交換情報的
旅行據點。

No.15

以捲結和反捲結製成的十字架裝飾配件，
可變換珠子和繩子的顏色，
做出不同色彩的版本。
也可以單做一個，
當成項鍊的墜子或別針來使用。

Hoja 歐哈
葉子

作法 ► P.58 [👤👤]

飄然落下的一片「葉子」，
不管是圓的、鋸齒狀的、還是有洞的，
都有其獨特個性，非常有趣。
每次去到不同的旅行地點，
都會發現更多令人喜愛的不知名樹木。

No.16

以捲結、反捲結、
線條結製作而成。
似乎也能當成戒指使用。

Fuego 弗耶哥
火焰

作法 ► P.60 [👣]

點燃蠟燭，
眼前彷彿升起搖曳生姿的紅、藍
美麗「火焰」。
不管是到常停電的國家，
或是在沒有電的山間小屋裡，
都會被安心感所包圍。

No.17

No.18

線頭全部以燒黏的方式收尾的話，
就成了圓形的吊飾。
用剩下的線做成的流蘇
可隨意改變長度和數量。

No.19

Espiral 艾斯皮拉魯

螺旋

作法 ► P.63 [♣♣♣]

長春藤盤繞形成的「螺旋」，
在互相纏繞之後變成一種特殊形狀。
能以柔軟而不斷延伸的線條律動
自由地創造形體的植物，
總能帶給我無窮的靈感。

No.20

No.22

No.21

本書中唯一左右對稱的裝飾配件。
以對稱的形式製作而成，
不管是當成耳環或項鍊墜子都極具存在感。
單用其中一個作為拉鍊或
項鍊的掛飾也十分簡潔出色。

Bolsita 波爾席塔
小錢包

作法 ► P.64 [♟♟♟]

No.23

把繩子穿過結目就成了吊墜型小錢包，
別上別針的話則變成別針型小錢包。
到市場買菜或上街搭公車時
可快速掏出銅板的「小錢包」，
只要裝入少許隨身零錢就行了，
在旅程中能派上不少用場。
大小正好可收納製作麥克拉梅用的打火機。

No.24

No.25
No.26
No.27
No.28

Pirámide & Sombra 皮拉米得&桑布拉

金字塔與影子

作法 皮拉米得 No.25, 26 ► P.70,71 [👤👤👤👤]
作法 桑布拉 No.27,28,29 ► P.72 [👤]

作為神廟或墳墓而建造的馬雅「金字塔」
有各式各樣的形狀，
有的位於叢林，有的位於沿岸地帶，非常有趣。
我曾在一座從叢林裡冒出頭的
金字塔頂端欣賞晚霞，
那幅景色至今仍讓我印象深刻。

在遺址可看到象徵地下世界的蛇的石像及浮雕。
每年兩次在春分和秋分當日，
經過計算的「影子」會和那個頭像重疊，
顯現出巨大的蛇神影像。

No.29

戒指最令人擔心的就是尺寸了。
但也無須自尋煩惱，
太長就拆掉，太短就編到足夠為止。
倘若不管怎麼做，尺寸還是不合的話，
那就換個用法試試看吧！
作為絲巾環或項鍊的墜子也別具特色。

No.30

Reloj de pulsera roja

列羅·得·普魯塞拉·羅哈

紅色錶帶

作法 ► P.66 [★★★★]

把帶有微妙差異的幾種顏色混在一起，
變成富有深度的一種顏色。
自然形成微微偏離的色彩界線
是我最喜愛的部分。
兩個一組的配件可當作「錶帶」使用，
安裝在錶殼的錶耳上，
末端採鈕釦加套環的設計以方便穿脫。
想買的時候才發現
市面上現成錶帶的種類其實很少。
若利用麥克拉梅來製作的話，
就能增加變化性。

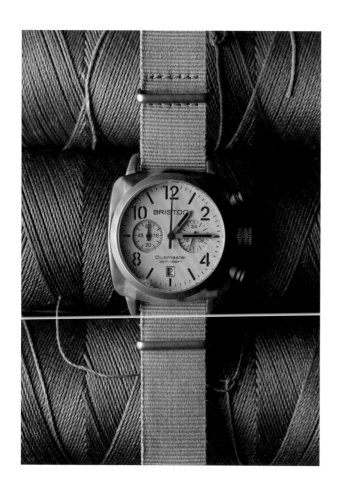

Reloj de pulsera camuflaje

列羅·得·普魯塞拉·卡姆弗拉黑
迷彩錶帶

作法 ► P.68 [♟♟♟]

重複編織簡單的繩結就能完成。
加上鉚釘裝飾後,
多了幾分剛硬的感覺。
沉穩的色調非常容易搭配,
把顏色或鉚釘的形狀改變一下,
就能呈現出截然不同的氛圍。

No.31

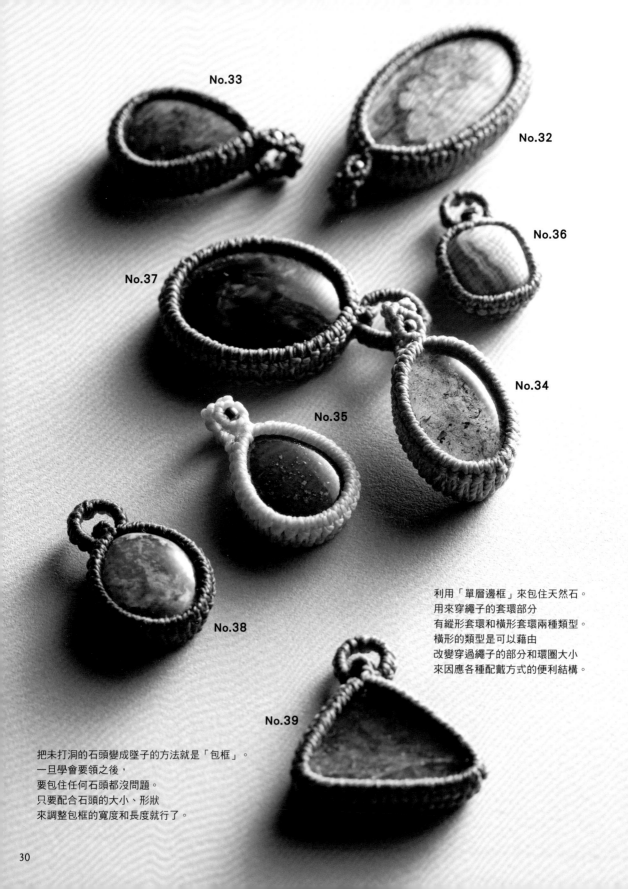

No.33

No.32

No.36

No.37

No.34

No.35

No.38

利用「單層邊框」來包住天然石。
用來穿繩子的套環部分
有縱形套環和橫形套環兩種類型。
橫形的類型是可以藉由
改變穿過繩子的部分和環圈大小
來因應各種配戴方式的便利結構。

No.39

把未打洞的石頭變成墜子的方法就是「包框」。
一旦學會要領之後，
要包住任何石頭都沒問題。
只要配合石頭的大小、形狀
來調整包框的寬度和長度就行了。

Vertical montura simple & Horizontal montura simple

維魯提卡・蒙圖拉・辛普雷 & 歐力松塔魯・蒙圖拉・辛普雷

單層邊框　縱形與橫形套環

作法 單層邊框 縱形套環 No.32、No.33、No.34、No.35 ► P.41 [ᚠᚠ]
作法 單層邊框 橫形套環 No.36、No.37、No.38、No.39 ► P.73 [ᚠᚠ]

No.40

No.41

No.42

No.43

Montura doble & Montura doble adorno

蒙圖拉·都普雷&蒙圖拉·都普雷·阿多魯諾

雙層邊框　基本款與裝飾款

作法　雙層邊框 基本款 No.40、No.41 ►P.44 [♣♣♣]

作法　雙層邊框 裝飾款 No.42、No.43 ►P.74 [♣♣♣]

用雙色的繩子環繞兩圈，進一步強調邊緣的「雙層邊框」。
基本款用來穿繩子的套環部分以雙圈來做得更大。
裝飾款的套環採用的則是
如同幫天然石戴上帽子般的設計。

黄色系　　　　　　　　　紅色系

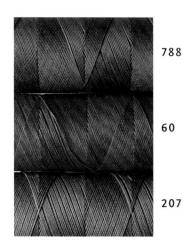

218

203

666

788

60

207

anudo的顏色挑選

朝霞中的森林
盛開的巴西玫瑰木
（開滿紫色花朵的南美樹木）
從空中鳥瞰的紅色大地
鏽鐵
古老建築的牆壁
行人來往的十字路口……
在大自然及城鎮當中，
唯有某個時刻才看得到的顏色，
或經過時間流逝所創造出來的
漸層色彩等等，
從旅行及日常生活中
不經意看到的景色
來選出喜愛的顏色，
並加以重疊。
我在黃色系、紅色系、綠色系、
藍色系和咖啡色系的配色中，
試著分別選出3種3色組合。
以咖啡色或灰色等低調色彩為底色，
在能夠展現出微妙濃淡差異、
整體感覺又屬同色系的前提下
來調配顏色。

照片中的蠟線是Linhasita公司的產
品。數字代表的是色號（參照P.80）。

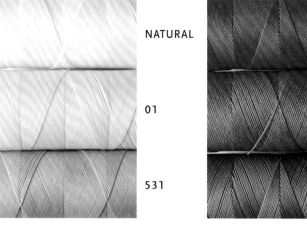

NATURAL

01

531

233

234

567

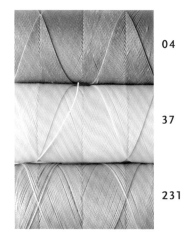

04

37

231

214

235

324

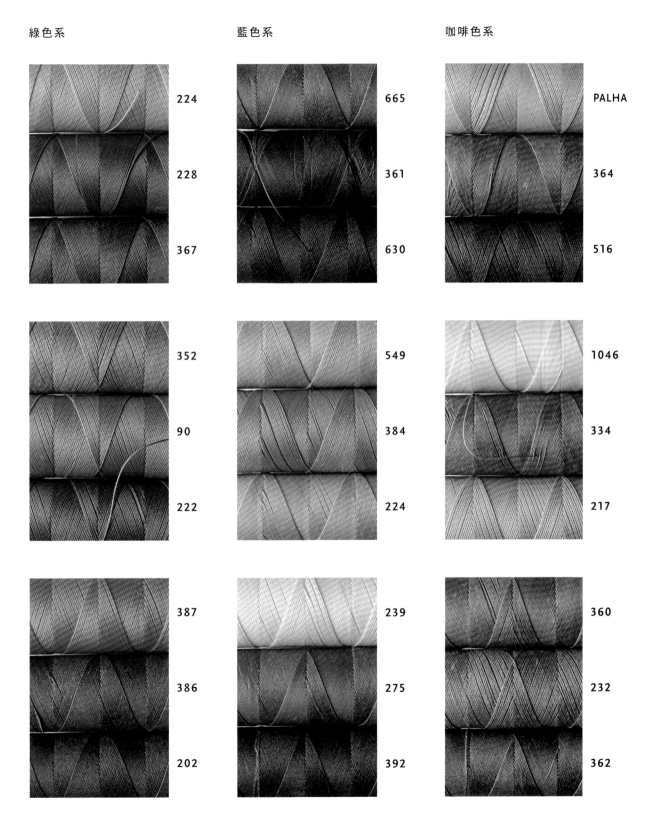

綠色系

224
228
367

352
90
222

387
386
202

藍色系

665
361
630

549
384
224

239
275
392

咖啡色系

PALHA
364
516

1046
334
217

360
232
362

從線材和夾子的準備開始吧！

麥克拉梅是一種只要有「線」（繩）和用來固定的「夾子」（利用文件板夾、或以珠針或大頭針固定在軟木板上亦可）
就可以輕鬆開始、很容易製作的手工藝品。
就簡單的作品來說，即使是初學者也只要1～2個鐘頭即可完成。
首先請把基本編結法中的「捲結」和「反捲結」學好。
本書中的作品幾乎都是以「捲結」和「反捲結」為中心，
搭配上和這兩種結有如親戚般的「線條結」、「雀頭結」等編結法製作而成。

材料和用具

**首先請把
這些東西準備好。**

◆線（請從A或B來挑選。參照P.80）
A 蠟線（Linhasita公司製品）　由聚酯纖維材質的線加工上蠟製成，末端可用燒黏的方式收尾。
　anudo的店裡備有數量眾多、色彩繽紛，多達100色以上的蠟線，可上網選購。0.75mm粗（參照P.34）。
B 麥克拉梅線（Marchen Art）　由聚酯纖維材質的線，以樹脂加工製成的麥克拉梅專用線材。共有29色。
　編織時結目不易鬆脫散開，整齊美觀，末端可用燒黏的方式收尾。0.7mm粗。

◆夾子（固定線材的道具）
F 夾子　照片中的是紙夾，用來夾住線材（參照P.38）。可以固定在桌子上的話會更好用。
G 原創夾子　製作麥克拉梅時為了方便編織，由可固定在桌子上的大夾子、用來夾線的小夾子，以及製作原石包框時可裝
　上皮革墊、避免刮傷並具有防滑作用的小夾子組合而成的anudo原創夾子。

◆其他
H 打火機　以燒黏線頭的方式收尾時會用到。
J 剪刀　刀口鋒利、尖端細小的手工藝專用剪刀比較好用。
K 直尺　L布尺　用來測量線長及作品長度。

以下材料對某些作品而言是必要的，其他情況則是有的話會更棒。

C 不鏽鋼線（Marchen Art）　明明是線，編織後看起來卻有如金屬一般，以柔軟而有張力為特徵。線徑只有0.6mm，連小
　珠子都能穿過。由於線的末端無法燒黏，所以只能用在以燒黏之外的方法做收尾的設計（P.15）。
D 天然石、天然石珠子、珠子　配合作品挑選使用。
E 金屬配件　銅珠扣、鉚釘、鈕釦等，可用來強調作品的特色。
I 錐子　把結目鬆開、拉緊等，進行精密作業時會用到。
M 彎針　製作小錢包（P.22）時用來縫合兩側。由於針頭呈彎曲狀，所以很容易穿過結目。

一起來學習基本的「捲結」、「反捲結」與「線條結」！

麥克拉梅是用線編結做出結目，再利用結目的組合來做出花樣。
製作結目時，必須有作為軸心的線和用來編結的線。
在本書中，作為軸心的線稱作軸線，用來編結的線稱為編線。
軸線通常會因為被結目覆蓋而看不到。

記號的解說

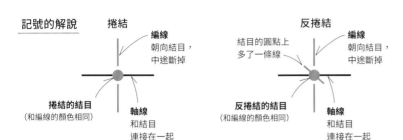

捲結

編線
朝向結目，
中途斷掉

捲結的結目
（和編線的顏色相同）

軸線
和結目
連接在一起

反捲結

結目的圓點上
多了一條線

編線
朝向結目，
中途斷掉

反捲結的結目
（和編線的顏色相同）

軸線
和結目
連接在一起

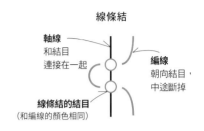

線條結

軸線
和結目
連接在一起

編線
朝向結目，
中途斷掉

線條結的結目
（和編線的顏色相同）

編織圖的解說

數字是編織順序

增加段數的情況

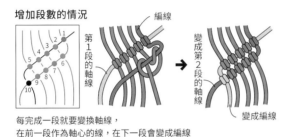

編線
第1段的軸線

變成第2段的軸線

變成編線

每完成一段就要變換軸線，
在前一段作為軸心的線，在下一段會變成編線

呈「之字形」編織的情況

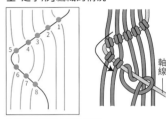

軸線

在編織的過程中彎曲軸線，
讓軸線呈之字形前進

在中央交叉的情況

5的軸線 　 5的編線

在左右分別編織2個捲結，
中央部分（5）是將2條軸線的其中1條當作編線，
以「向左側進行的情況」（P.38）編1個結

線條結的編織圖

軸線

編線

5次

5次是線條結的數量，
圖中的數字（1）是編織順序
（未標示次數的情況，○的數量就等於線條結的次數）

⦿燒黏

聚酯纖維材質的線因為很難用接著劑黏合收尾，
所以要用以打火機燒融線頭的「燒黏」方式才能將結目加以固定。
使用打火機的時候，請留意用火安全並避免燒傷。
需要燒黏的線集中且靠近的情況，可一次燒黏；分散的情況請一條一條地燒黏。

1 在線的末端留下1～2mm，把線剪斷

2 慢慢靠近打火機的火苗下方（藍色火焰的部分），等線頭融化之後把火移開，將融化的部分輕壓固定

3 燒黏之後的樣子（×）

在照片中，軸線是黃色，編線是藍色。結目和編線一樣是藍色。
用夾子把線夾住，把夾子固定好之後就可以開始編織了。

◎**捲結**　軸線是以進行方向的手拉著編織。在編織的過程中要一直把軸線拉住。
　　　　結目的方向可透過軸線的角度自由地改變。參照P.76。

 向右側進行的情況
　　軸線在左、編線在右用夾子夾好。右手拉起軸線，左手拉起編線。

1 以右手的軸線在上，左手的編線在下的方式將兩線交叉

2 用右手的食指勾住編線

3 把左手的中指從下方伸進軸線和編線的環圈中

4 彎曲中指，以指尖的指甲側勾住編線

5 把編線由上往下拉出

6 放開右手的食指，把軸線繃緊，像是在軸線上滑動般把編線拉緊

7 再次重複2～6，在6的結目下方把編線拉緊

8 完成了1次捲結。
（需要打多次結的情況，請將必要數量的編線排列在右側）

 向左側進行的情況
　　軸線在右、編線在左用夾子夾好。左手拉起軸線，右手拉起編線。

1 以左手的軸線在上，右手的編線在下的方式將兩線交叉

2 用左手的食指勾住編線

3 把右手的中指從下方伸進軸線和編線的環圈中

4 彎曲中指，以指尖的指甲側勾住編線

5 把編線由上往下拉出

6 放開左手的食指，把軸線繃緊，像是在軸線上滑動般把編線拉緊

7 再次重複2～6，在6的結目下方把編線拉緊

8 完成了1次捲結。
（需要打多次結的情況，請將必要數量的編線排列在左側）

● **反捲結** 軸線是以進行方向的手拉著編織。在編織的過程中要一直把軸線拉住。
結目的方向可透過軸線的角度自由地改變。參照P.77 。

 向右側進行的情況
軸線在左、編線在右用夾子夾好。右手拉起軸線，左手拉起編線。

1 以右手的軸線在下、左手的編線在上的方式將兩線交叉

2 把左手的食指從上方伸進軸線和編線的環圈中

3 彎曲左手的食指，以指尖的指甲側勾住編線

4 把編線由下往上挑起

5 把編線由下往上拉出

6 把軸線繃緊，像是在軸線上滑動般把編線拉緊

7 再次重複2～6，在6的結目下方把編線拉緊

8 完成了1次反捲結。
（需要打多次結的情況，請將必要數量的編線排列在右側）

 向左側進行的情況
軸線在右、編線在左用夾子夾好。左手拉起軸線，右手拉起編線。

1 以左手的軸線在下、右手的編線在上的方式將兩線交叉

2 把右手的食指從上方伸進軸線和編線的環圈中

3 彎曲右手的食指，以指尖的指甲側勾住編線

4 把編線由下往上挑起

5 把編線由下往上拉出

6 把軸線繃緊，像是在軸線上滑動般把編線拉緊

7 再次重複2～6，在6的結目下方編線拉緊

8 完成了1次反捲結。
（需要打多次結的情況，請將必要數量的編線排列在左側）

◉**線條結** 依照記號圖的起編指示，軸線在左、編線在右用夾子夾好。
每打完1次結，都要將軸線和編線換手。參照P.78。

★起編
軸線　編線

1 把右手的軸線拉直，以軸線在上、左手的編線在下的方式將兩線交叉

2 用右手的食指勾住編線

3 把左手的中指從下方伸進軸線和編線的環圈中

4 以中指指尖的指甲側勾住編線

5 把編線由上往下拉出

6 放開右手的食指，把軸線繃緊，像是在軸線上滑動般把編線拉緊。完成了1次線條結

完成了1次從右側向左側的線條結的樣子

7 軸線換到左手，編線換到右手，把左手的軸線拉直，以軸線在上、右手的編線在下的方式將兩線交叉

8 用左手的食指勾住編線

9 把右手的中指從下方伸進軸線和編線的環圈中

10 以中指指尖的指甲側勾住編線

11 放開左手的食指，把編線由上往下拉出

12 把軸線繃緊，像是在軸線上滑動般把編線拉緊。完成了另1次線條結

完成了1次從左側向右側的線條結，總共打了2次結的樣子

13 重複1～12。編織方向會隨著起編的編線位置（記號圖★）而改變，請特別注意

Vertical montura simple ► P.30,31

維魯提卡・蒙圖拉・辛普雷 No.32, No.33, No.34, No.35

這是原石包框最基本的編織法。
依照想要包住的原石大小，以雀頭結來編織單層邊框。

◎材料

◆蠟線（Linhasita）

No.32 … 淺咖啡（511） 編線 250 cm × 1條
　　　　　軸線A 70 cm × 1條　軸線B 70 cm × 1條
No.33 … 深綠（691） 編線 190 cm × 1條
　　　　　軸線A 60 cm × 1條　軸線B 60 cm × 1條
No.34 … 灰 （208） 編線 210 cm × 1條
　　　　　軸線A 60 cm × 1條　軸線B 60 cm × 1條
No.35 … 米黃（1046） 編線 160 cm × 1條
　　　　　軸線A 60 cm × 1條　軸線B 60 cm × 1條

◆天然石

No.32 … 亂紋瑪瑙
　　　　（35mm×20mm：原石周長約9 cm　厚度5.3mm） 1個
No.33 … 矽孔雀石（23mm×18mm：原石周長約6 cm　厚度4.5mm）1個
No.34 … 琥珀（22mm×13.5mm：原石周長約5.8 cm　厚度7mm）1個
No.35 … 青金石（19mm×15mm：原石周長約5 cm　厚度5mm）1個

◆共通

金屬珠子（Marchen Art） 極小 銅珠（AC1643）1個

◎成品尺寸

No.32 … 長 4.2 cm
No.33 … 長 3 cm
No.34 … 長 3 cm
No.35 … 長 2.7 cm

◎單層邊框的原石包框（縱形套環）

以「編織流程」的順序編織。參考照片把線設置好，依照「單層邊框的編織圖」的指示編織。用單層邊框把石頭包住，然後收緊邊框加以固定。依照「縱形套環的編織法」（P.43）的指示編織，修飾完成。

1 編織單層邊框

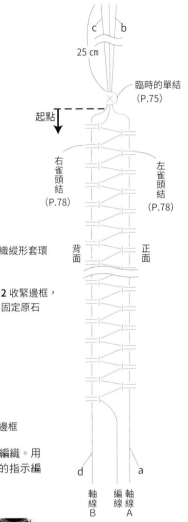

單層邊框的編織圖

c　b
25 cm
臨時的單結（P.75）
起點
右雀頭結（P.78）
左雀頭結（P.78）
背面　正面
d　a
軸線B　編線　軸線A

編織流程

3 編織縱形套環

2 收緊邊框，固定原石

1 編織單層邊框

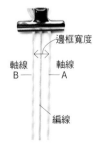

邊框寬度
軸線 B ──── A 軸線
編線

1 在軸線B、編線、軸線A的一端各留25cm，打上臨時的單結（P.75），在軸線B和軸線A之間空出邊框的寬度（參照表），在臨時單結的旁邊用夾子夾住

右雀頭結

2 用編線在軸線B上編織1次右雀頭結（P.78）

左雀頭結

3 空出邊框寬度，用編線在軸線A上編織左雀頭結（P.78）

4 隨時留意不可讓邊框寬度變窄，重複 2、3 繼續編織。編織到某個程度之後，就順勢移動夾子的位置，如此可讓邊框寬度維持一致

先編織出比原石周長（參照材料）減少約 2 個結目份的長度。
邊框寬度參照下表

	邊框寬度
No.32	8～9 mm
No.33	6 mm
No.34	8～9 mm
No.35	6 mm

接續P.42

＊ 照片為求淺顯易懂，所以把線的種類、顏色、天然石、珠子都更換成其他材料來進行說明。

5 把結目緊密收攏，編織到比原石周長減少2個結目份的長度之後，以右雀頭結做收尾
＊編織的次數會隨著拉緊的程度而改變

背面　正面

以右雀頭結做收尾

背面的收緊邊框作法

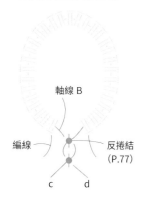

軸線 B

編線　　　反捲結（P.77）

c　　d

把臨時的單結拆開，在未放入原石的狀態下用軸線 B 的兩端（c、d）編織 1 次反捲結，暫時放入原石確認過大小之後，再編織 1 次反捲結

正面的收緊邊框作法

原石（正面）

軸線 A

a　　b

在從正面放入原石的狀態下，用軸線 A 的兩端（a、b）編織 2 次反捲結

2 收緊邊框，固定原石

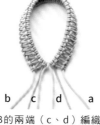

（正面）
軸線A

1 以軸線B在天然石的背面、軸線A在天然石的正面的方式，把天然石放入邊框中，將軸線A和B拉緊，確認尺寸是否剛好
＊尺寸不合的情況，可藉由增減結目的數量來調整

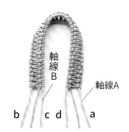

軸線B

軸線A

b　c d　　a

2 完成邊框的調整之後，把臨時的單結拆開，壓住邊框的結目拉出軸線，把2條軸線的兩端調整成相同的長度。接著把編織的兩端也調整成相同的長度，再將軸線B側轉到上方

b　c　d　a

3 用軸線B的兩端（c、d）編織1次反捲結，接合成圈狀

（背面）

c　b　a　d

4 把 3 覆蓋在天然石的背面，確認邊框的圈圈小於原石周長之後，編織第2次的反捲結

不良範例

這個邊框編織得太鬆，天然石會掉出框外

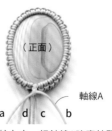

（正面）

軸線A

a　d c　b

5 讓軸線A位於上方，把軸線A確實拉緊，調整位置將天然石收納在邊框之中。用軸線A的兩端（a、b）編織2次反捲結接合成圈狀，把天然石用邊框牢牢地包住

縱形套環的編織法

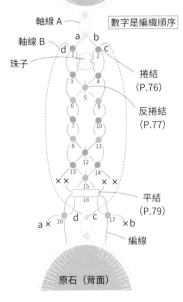

原石（正面）

軸線 A

軸線 B

珠子

數字是編織順序

捲結
（P.76）

反捲結
（P.77）

平結
（P.79）

編線

原石（背面）

用正面、背面的軸線（a～d）編織。
編織到15之後，看著背面，以編線作
為軸線，在15的附近編織捲結（16、
17）。
拉住編線將套環接成圈狀，以套環後
側15的結目一帶為軸心，用編線編織
1 次平結。線的末端以燒黏的方式收
尾

✕＝剪線，燒黏（P.37）

3 編織縱形套環

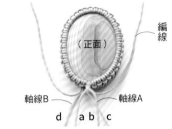

編線

（正面）

軸線B　　軸線A

d　 a b 　c

1 看著正面，用軸線A（a、b）、軸線B
（c、d）兩端的4條線，如左圖所示串入珠
子、編織套環

珠子

d　 a b 　c

2 繼續用a、b、c、d線以捲結和反捲結來
編織套環，直到左圖的15為止

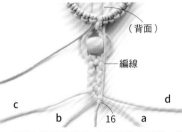

（背面）

編線

c　　　　　　　d
b　　16　　 a

3 翻面之後看著背面，以編線作為軸線，用
a編織捲結（左圖16）

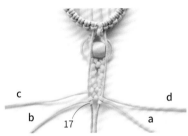

（背面）

c　　　　　　　d
b　　17　　 a

4 以另1條編線作為軸線，用b編織捲結
（左圖17）

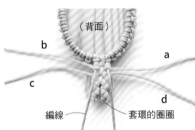

（背面）

b

a

c

編線　　　　套環的圈圈
d

5 拉住編線，將套環接成圈狀

從側面看的樣子

（背面）

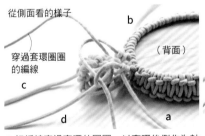

從側面看的樣子

穿過套環圈圈
的編線

（背面）

b

c

d　　　　　　a

6 把編線穿過套環的圈圈，以套環後側作為軸
心，用編線編織1次平結（上圖18）

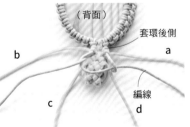

（背面）

套環後側

b　　　　　　　a

編線
c　　　　　　d

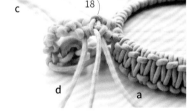

平結
18　b

c

d　　　　　　a

7 將a、b、c、d線和編線的兩端各留1～2
mm，其餘的剪掉。以燒黏的方式收尾

完成（正面）

43

Montura doble ~ P.32, 33
蒙圖拉・都普雷 No.40, No.41

在單層邊框的上面多加一圈線條結，
作為鑲邊裝飾的雙層原石包框。

◎材料

◆蠟線（Linhasita）
No.40 … 駝色（PALHA） 編線A 160cm×1條
　　　　軸線A、B 各60cm×1條
　　　　淺咖啡（214） 編線B 100cm×1條　軸線C 60cm×1條
No.41 … 咖啡（515） 編線A 160cm×1條
　　　　軸線A、B 各60cm×1條
　　　　深咖啡（593） 編線B 100cm×1條　軸線C 60cm×1條

◆天然石
No.40 … 粉晶（18mm×13mm：原石周長約5cm　厚度8.6mm）1個
No.41 … 綠松石（22mm×19mm：原石周長約6.5cm　厚度6mm）1個

◆共通
金屬珠子（Marchen Art） 極小 銅珠（AC1643）1個

◎成品尺寸
No.40 … 長 3.3cm
No.41 … 長 3.8cm

◎雙層邊框的原石包框

以「編織流程」的順序編織。參照單層
邊框的原石包框（P.41～P.43）和右側的
「編織圖」，編織單層邊框後在上面編
織雙層邊框。把石頭包住，收緊邊框加
以固定，再編織套環即完成。

1 編織單層邊框
依照P.41「編織單層邊框」的1～5要領
編織。編織出原石周長80%左右的長
度，以右雀頭結收尾。

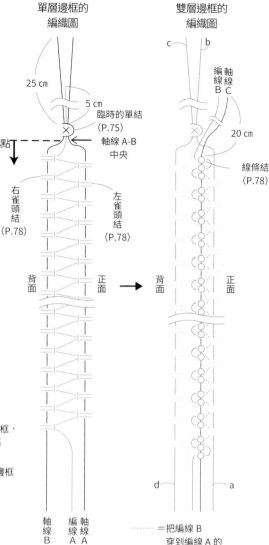

編織流程
- 4 編織套環
- 3 收緊邊框，固定原石
- 2 編織雙層邊框
- 1 編織單層邊框

單層邊框的編織圖

25cm
5cm
起點
臨時的單結（P.75）
軸線 A-B 中央
右雀頭結（P.78）
左雀頭結（P.78）
背面
正面
軸線 B　編線 A A　軸線 A

雙層邊框的編織圖

c　b
編軸線線 B C
20cm
線條結（P.78）
背面
正面
d　a

------- ＝把編線 B 穿到編線 A 的結目下方

把編線 B、軸線 C 擺好，在雀頭結之間編織線條結

2 編織雙層邊框

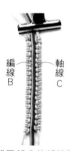

1 編織到單層邊框的終點的樣子

2 把雙層部分的編線設置好。前端預留20cm，編線B（橘）在左、軸線C（藍）在右，用夾子夾住
（編線 B　軸線 C）

3 用編線B編織3次線條結
（線條結）

先編織出原石周長80%左右的長度。邊框寬度參照下表

	邊框寬度
No.40	9～10 mm
No.41	7～8 mm

No.41的掛繩在P.59

4 將編線B從單層邊框的2條線下方穿過拉出。（雀頭結是活動的，所以有空間讓線穿過）

5 接著編織2次線條結

6 重複4、5，繼續編織，最後以3次線條結收尾

3 收緊邊框，固定原石

參考P.42「2 收緊邊框，固定原石」的1～5，依照下圖的指示編織。

背面的收緊邊框作法

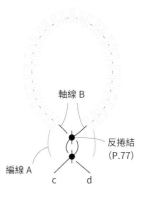

把臨時的單結拆開，在未放入原石的狀態下用軸線 B 的兩端（c、d）編織 1 次反捲結，放入原石確認過邊框的大小之後，再編織第 2 次的反捲結

正面的收緊邊框作法

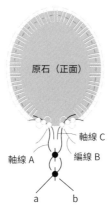

這時要先確認過線條結的起點和終點是否能夠接上，再把原石以正面放入邊框中，用軸線 A 的兩端（a、b）編織 2 次反捲結

4 編織套環

參考P.43「3 編織縱形套環」的1～7，依照下圖的指示編織。

套環的編織法

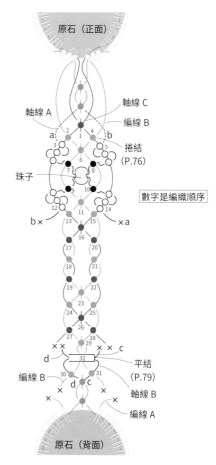

✕＝剪線，燒黏（P.37）

--------＝把線穿到結目的下方

用正面的編線 B、軸線 C、軸線 A（a、b）來編織。
編織到 29 之後，以軸線 B（c、d）為軸心，在 29 的附近編織捲結（30、31）。
拉住軸線 B 將套環接成圈狀。
看著背面將軸線 B 穿過套環的圈圈，以套環後側為軸心，用軸線 B（c、d）編織 1 次平結。線的末端以燒黏的方式收尾

Ondulante ► P.12,13
翁杜蘭提 No.10, No.11

宛如波紋的花樣，重點就在於線的彎曲方向。

◎材料

◆蠟線（Linhasita）
軸線 70cm×2條、A～E線 各160cm×2條、
F線 40cm×2條、扣具用線 40cm×1條
No.10 … 咖啡（516） 軸線、A線、F線、固定用線
　　　　卡其（222） B線
　　　　橘（234） C線
　　　　深綠（691） D線
　　　　深卡其（844） E線
No.11 … 深卡其（844） 軸線、A線、F線、扣具用線
　　　　藍灰（665） B線
　　　　米黃（531） C線
　　　　深藏青（392） D線
　　　　紅灰（664） E線
◆直徑4mm的珠子　金色　6個

◎成品尺寸
寬2.5cm　約28cm（最大拉開長度）

◎編織法
以「編織流程」的順序編織。
把線設置好，依照「編織圖」的指示編織本體。
接著做「末端的收尾」，然後在起編側也同樣地收尾。
兩端重疊起來，編織扣具。

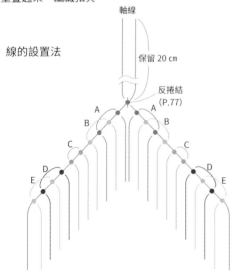

線的設置法

在2條軸線的前端保留20cm編織反捲結，
把A～E線對折，套掛在軸線上（P.76）。
在套掛好的A、D線的結目之間
將B、E線夾著套掛上去。
把軸線用夾子夾住

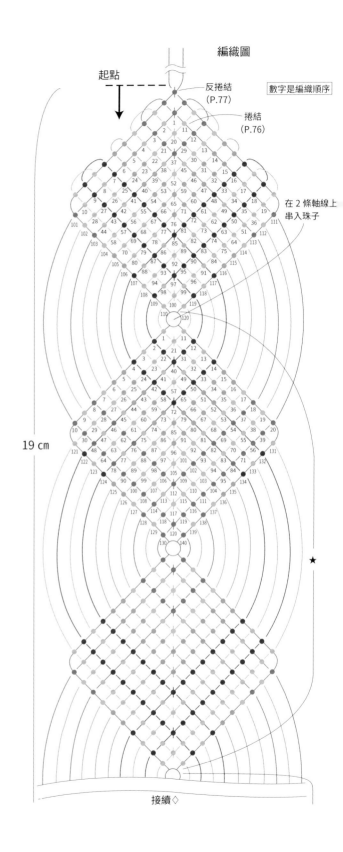

編織圖

起點

反捲結
（P.77）

捲結
（P.76）

數字是編織順序

在2條軸線上
串入珠子

19 cm

★

接續◇

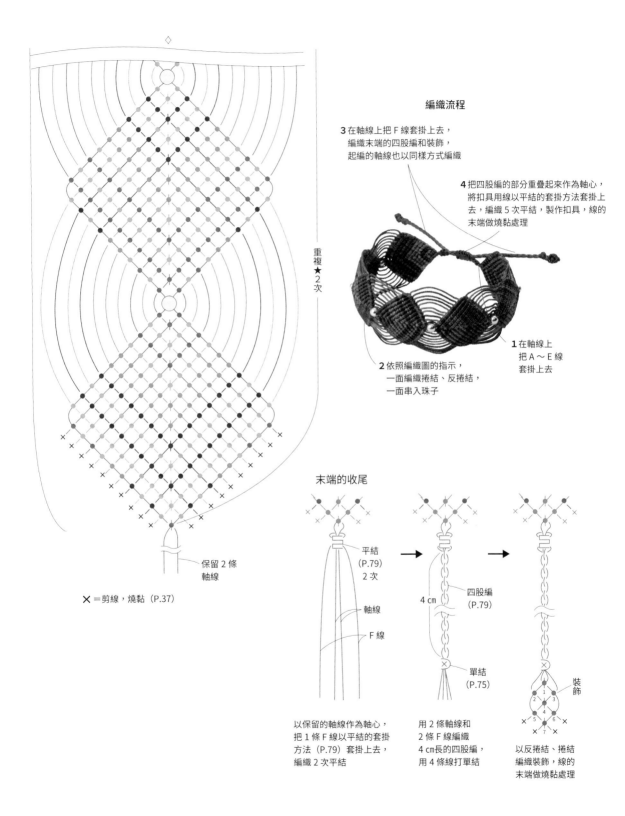

編織流程

3 在軸線上把 F 線套掛上去，
編織末端的四股編和裝飾，
起編的軸線也以同樣方式編織

4 把四股編的部分重疊起來作為軸心，
將扣具用線以平結的套掛方法套掛上
去，編織 5 次平結，製作扣具，線的
末端做燒黏處理

1 在軸線上
把 A ～ E 線
套掛上去

2 依照編織圖的指示，
一面編織捲結、反捲結，
一面串入珠子

重複 ★ 2 次

保留 2 條
軸線

✕＝剪線，燒黏（P.37）

末端的收尾

平結
（P.79）
2 次

軸線

F 線

以保留的軸線作為軸心，
把 1 條 F 線以平結的套掛
方法（P.79）套掛上去，
編織 2 次平結

4 cm

四股編
（P.79）

單結
（P.75）

用 2 條軸線和
2 條 F 線編織
4 cm長的四股編，
用 4 條線打單結

裝
飾

以反捲結、捲結
編織裝飾，線的
末端做燒黏處理

47

以手掌操作的四股圓編編織法

四股圓編若以手掌操作的方式來學習的話，會更簡單。

1 在左手的食指和中指之間夾入4條線

2 把B線掛在中指上、C線掛在無名指上、D線掛在小指上

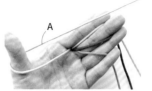

3 如照片所示，把A線掛在姆指上面

4 把A線掛在中指上

5 把先前掛在中指上的B線拉出來，放到A線的上面

6 把B線掛在無名指上

7 把先前掛在無名指上的C線拉出來，放到B線的上面

8 把C線掛在小指上

9 把先前掛在小指上的D線拉出來，放到C線的上面

10 把D線穿過A線的環圈

11 把A線從姆指上放掉

12 拉緊A線把環圈變小

13 把4條線平均拉緊，調整結目大小

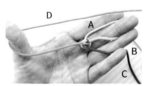

14 改變夾在手指間的線的排列位置，重複以4～13的要領編織下去

Cuatro nudos ▶ P.15
庫阿特羅‧努多斯 No.13, No.14

學會以手掌編織的方法之後，
只要有線繩，不管在任何地方都能製作四股圓編。

◎材料
◆不鏽鋼線0.6mm型（Marchen Art）
A線 15cm×1條　B線 100cm×4條
No.13 … 古金（711）
No.14 … 古銀（712）
◆直徑6mm的天然石1個
No.13 … 矽孔雀石
No.14 … 青金石
◆珠子
No.13 … 克倫銅珠（Marchen Art）
　　　　a珠 2mm×3mm（AC1148）2個
　　　　b珠 3.5mm×2.5mm（AC1150）2個
No.14 … 克倫銀珠（Marchen Art）
　　　　a珠 3mm×2.5mm（AC776）2個
　　　　b珠 5mm×3mm（AC775）2個

◎成品尺寸
直徑約0.3cm　長約28cm

◎編織法
以「編織流程」的順序編織。
把A線設置好，用B線以四股圓編編織本體。串入b珠
之後編織裝飾，接著編織四股編，最後在末端打上單
結。在A線上串入a珠和天然石，用B線在另一側以同
樣方式編織。

A線的設置法

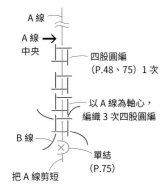

A線
A線
中央 →
四股圓編
（P.48、75）1次
以A線為軸心，
編織3次四股圓編
B線
單結
（P.75）
把A線剪短

把2條B線對折，編織1次四股圓
編，在收緊之前把A線從結目的中央
穿過去，收緊結目。
接著以A線為軸心編織3次四股圓
編，為免A線鬆脫，先打上單結，再
把A線剪短。
最後再編織6.5cm的四股圓編，將A
線的單結隱藏起來

裝飾的編織法

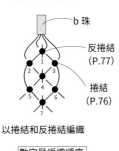

b珠
反捲結
（P.77）
捲結
（P.76）

以捲結和反捲結編織

數字是編織順序

編織流程

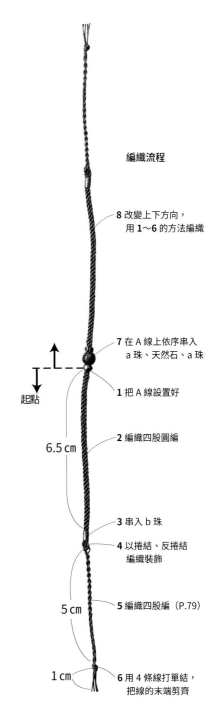

8 改變上下方向，
用 **1～6** 的方法編織

7 在 A 線上依序串入
a 珠、天然石、a 珠

1 把 A 線設置好

起點

2 編織四股圓編

6.5 cm

3 串入 b 珠

4 以捲結、反捲結
編織裝飾

5 cm

5 編織四股編（P.79）

1 cm

6 用 4 條線打單結，
把線的末端剪齊

Playa ► P.6,7
普拉雅 No.1, No.2

完全由捲結構成的花樣。
No.1只使用線，No.2是線加珠子的組合。

◎材料
◆麥克拉梅線（Marchen Art）
No.1 … 栗色（1463） A線 100cm×2條
　　　印度奶茶（1464） B線 100cm×2條
　　　胭脂色（1445） C線 100cm×1條
No.2 … 黑（1458） A線 100cm×2條
　　　藍（1448） B線 100cm×2條
　　　藍（1448） C線 100cm×1條
◆金屬珠子（Marchen Art）
No.2 … 極小 銅珠（AC1643）54個

◎成品尺寸
寬0.5cm 長約30cm

◎編織法
以「編織流程」的順序編織。
把線設置好，依照「編織圖」
的指示編織本體，然後再編織
兩端的部分。

線的設置法

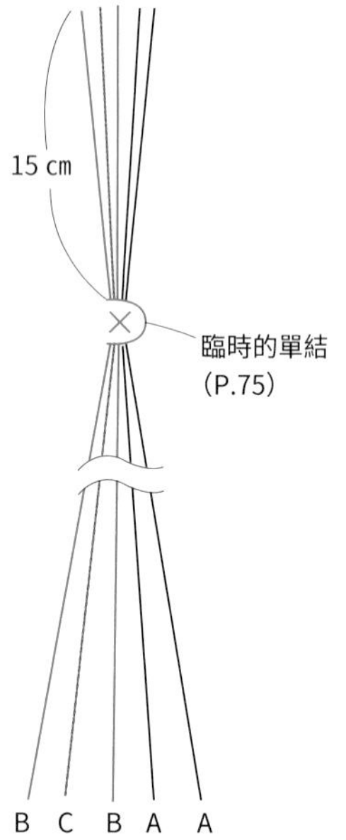

15 cm

臨時的單結
（P.75）

B C B A A

把 5 條線的前端拉齊，
上側保留 15 cm打上
臨時的單結（P.75）。
如圖所示把線排列好，
在臨時單結的旁邊
用夾子夾住

16 cm

6 cm

1 cm

編織流程

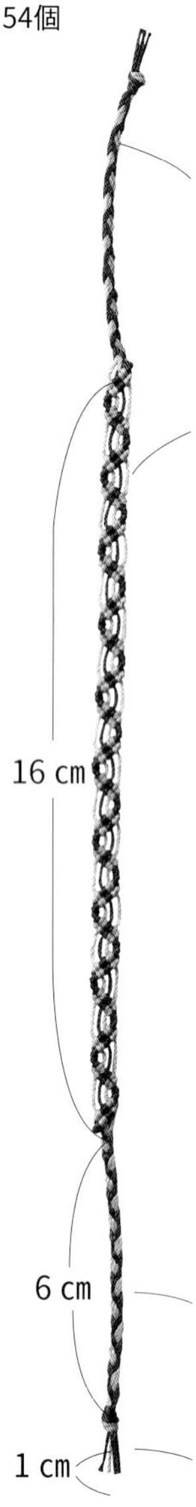

4 把臨時的單結拆開，
改變上下方向，按照
②、③的方式編織

1 上側保留 15 cm，把
線設置好，依照編織
圖的指示編織捲結。
No.2 的話，在波浪間
各串入 3 個珠子

2 把線分成同色的
2 條、2 條、1 條，
編織三股編（P.79）

3 用 5 條線打單結
（P.75），把線的
末端剪齊

編織圖

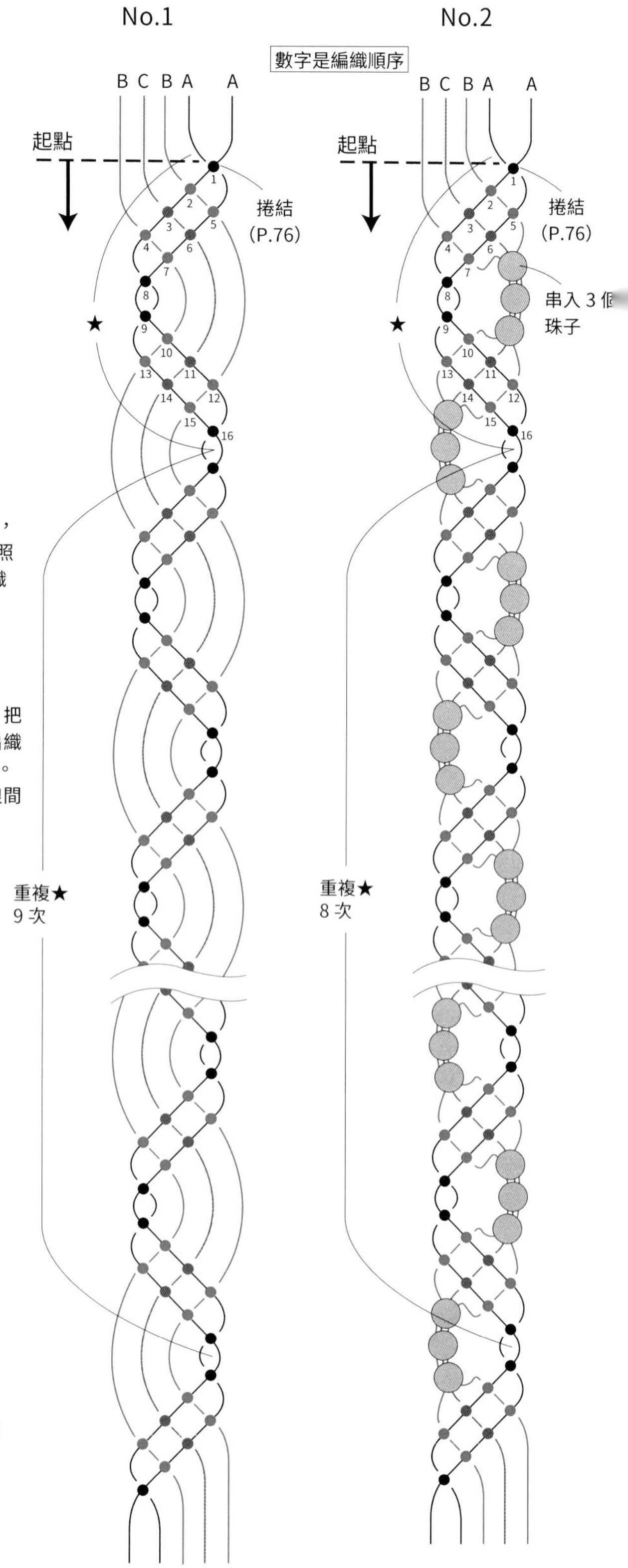

No.1

B C B A　A

起點

捲結
（P.76）

★

重複★
9 次

No.2

數字是編織順序

B C B A　A

起點

捲結
（P.76）

串入 3 個
珠子

★

重複★
8 次

Rombo ► P.6,7
龍博 No.3

由反捲結和左右雀頭結
構成的花樣。

◎材料
◆麥克拉梅線（Marchen Art）
印度奶茶（1464） A線 100㎝×2條
橘（1443） B線 100㎝×2條
卡其（1452） C線 100㎝×2條

◎成品尺寸
寬0.5㎝ 長約30㎝

◎編織法
以「編織流程」的順序編織。
把線設置好，依照「編織圖」
的指示編織本體，然後再編織
兩端的部分。

線的設置法

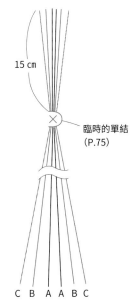

15 ㎝

臨時的單結
（P.75）

C B A A B C

把 6 條線的前端拉齊，
上側保留 15 ㎝打上
臨時的單結（P.75）。
如圖所示把線排列好，
在臨時單結的旁邊
用夾子夾住。

編織圖

C B A A B C

起點

數字是編織順序

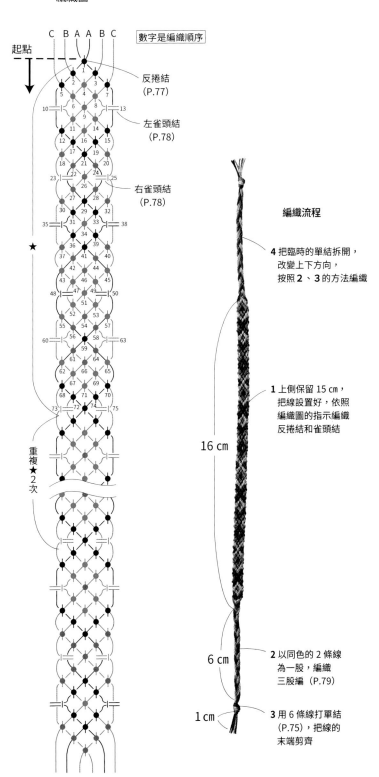

反捲結
（P.77）

左雀頭結
（P.78）

右雀頭結
（P.78）

★

重複
★
2
次

編織流程

4 把臨時的單結拆開，
改變上下方向，
按照 **2**、**3** 的方法編織

16 ㎝

1 上側保留 15 ㎝，
把線設置好，依照
編織圖的指示編織
反捲結和雀頭結

6 ㎝

2 以同色的 2 條線
為一股，編織
三股編（P.79）

1 ㎝

3 用 6 條線打單結
（P.75），把線的
末端剪齊

Punto ► P.6,7
龐托 No.4

完全由反捲結構成的花樣。
一點一點跳出的花樣色彩是
編線的顏色。

◎材料
✦麥克拉梅線（Marchen Art）
灰（1457） A線 150cm×4條
鼠尾草（1450） B線 100cm×1條
淺黃（1459） C線 100cm×1條
橘（1443） D線 100cm×1條
印度奶茶（1464） E線 100cm×1條

◎成品尺寸
寬0.8cm 長約30cm

◎編織法
以「編織流程」的順序編織。
把線設置好，依照「編織圖」
的指示編織本體，然後再編織
兩端的部分。

線的設置法

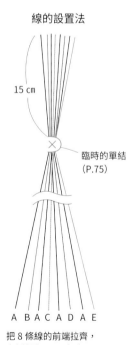

15 cm

臨時的單結
（P.75）

A B A C A D A E

把 8 條線的前端拉齊，
上側保留 15 cm打上
臨時的單結（P.75）。
如圖所示把線排列好，
在臨時單結的旁邊
用夾子夾住

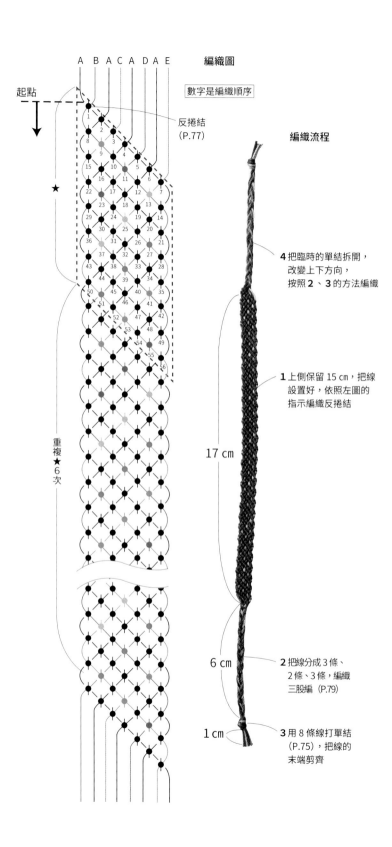

A B A C A D A E　　編織圖

數字是編織順序

起點

反捲結
（P.77）

★

重複
★
6
次

編織流程

4 把臨時的單結拆開，
改變上下方向，
按照 **2**、**3** 的方法編織

1 上側保留 15 cm，把線
設置好，依照左圖的
指示編織反捲結

17 cm

6 cm

2 把線分成 3 條、
2 條、3 條，編織
三股編（P.79）

1 cm

3 用 8 條線打單結
（P.75），把線的
末端剪齊

Cinturón para libro ► P.8
辛圖隆・帕拉・利布羅 No.5

在捲結和反捲結之外加上線條結，
藉此創造出嵌入配件的空間。

◎材料
◆麥克拉梅線（Marchen Art）
梅鼠色（1461）　A線 80cm×2條　E線 110 cm×2條
胭脂色（1445）　B線 160cm×2條　D線 190 cm×2條
　　　　　　　　F線 140cm×2條
深灰色（1462）　C線 180cm×2條
◆銀色的螺絲銅珠扣　直徑7mm 高10mm 2個
◆髮圈　咖啡色1個（圓周16cm）

◎成品尺寸
寬1.5cm　長約20cm

◎編織法
把線設置好，依照「編織圖」的指示，從本體中央開始編
織。末端的部分在反折時要成為正面，請在指定的位置翻
面編織到末端為止。中央到另一側的部分也以同樣的要領
編織。把銅珠扣的螺絲座安裝在★的位置，夾入髮圈之後
在☆的位置鎖上銅珠扣加以固定。

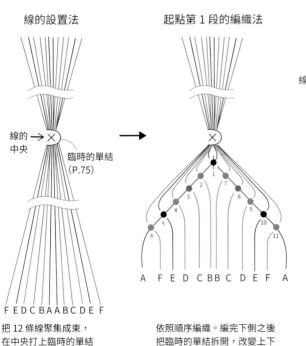

線的設置法　　　起點第 1 段的編織法

線的中央
臨時的單結（P.75）

A　F E D C B B C D E F　A

F E D C B A A B C D E F

把 12 條線聚集成束，
在中央打上臨時的單結
（P.75）。如圖所示把線
排列好，在臨時單結的
旁邊用夾子夾住

依照順序編織。編完下側之後
把臨時的單結拆開，改變上下
方向編織上側

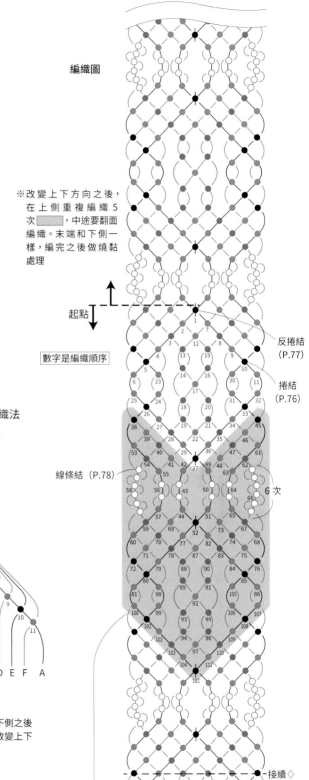

編織圖

※改變上下方向之後，
在上側重複編織 5
次 ▭，中途要翻面
編織。末端和下側一
樣，編完之後做燒黏
處理

起點　起點

反捲結（P.77）

數字是編織順序

捲結（P.76）

線條結（P.78）

6 次

接續◇（P.54）

53

Cinturón para libro
辛圖隆・帕拉・利布羅 No.5

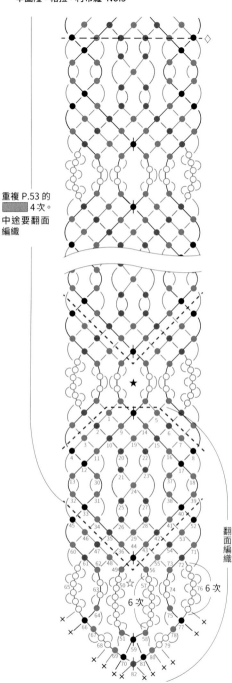

重複 P.53 的 ▨ 4次。
中途要翻面
編織

翻面編織

※1～82 是翻面編織。
在★裝上銅珠扣的螺絲座，
夾入髮圈之後對齊☆的洞
把結目折好，鎖上銅珠扣

★＝銅珠扣螺絲座的安裝位置
✕＝剪線，燒黏（P.37）

Marcador ► P.9
馬卡多爾 No.6

書籤的樹葉裝飾配件是利用
線條結、捲結和反捲結做出來的。
三股編的長度可配合書本的大小做調整。

◎材料
◆麥克拉梅線（Marchen Art）
裝飾配件用線
　翠綠（1469）　A線 45cm×8條　B線 60cm×2條
　　　　　　　　C線 50cm×2條　D線 40cm×4條
三股編用線
　淺棕（1454）、印度奶茶（1464）、栗色（1463）各40cm×1條
繩頭結用線　栗色（1463）20cm×2條
◆銅珠（Marchen Art）（AC1132）2個

◎成品尺寸
長約27cm

装飾配件用線的　　装飾配件套環的
設置法　　　　　　編織法

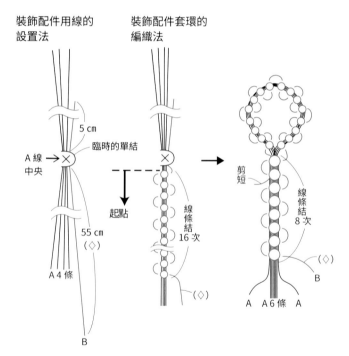

把 4 條 A 線的前端拉齊、
聚集成束，在中央位置和
上側保留 5 cm 的 B 線共
5 條一起打上臨時的單結
（P.75）。如圖所示把線排
列好，在臨時單結的旁邊
用夾子夾住

用剩下 55 cm 的 B
線（◇）以 4 條 A
線為軸心編織 16
次線條結（P.78）

把臨時的單結拆開，
將線條結接合成圈狀。
把線聚集成束，用較長
的 1 條 B 線（◇）作為
編線，其餘 9 條線作為
軸心，編織 8 次線條結。
較短的 B 線編到中途
就把它變成軸心，在
不起眼的位置剪短。
把 A 線依圖所示排列好

◉編織法

以「編織流程」的順序編織。

葉子的裝飾配件是把裝飾配件用線設置好，然後編織套環。接著依照「編織圖」的指示，以8條A線為軸心，在C線的中央編織1次捲結把C線套掛上去，兩邊各以1條A線為軸心，用套掛上去的C線以線條結編織葉子的輪廓。以6條A線為軸心，用B線(◇)繼續以線條結編織葉脈的中央。用同樣的要領把D線套掛上去，將作為葉脈中央軸心的A線兩邊各拉1條分開作為葉脈的軸心，一邊減少葉脈中央的軸心條數，一邊以線條結編織，直到葉子末梢為止。

編織流程

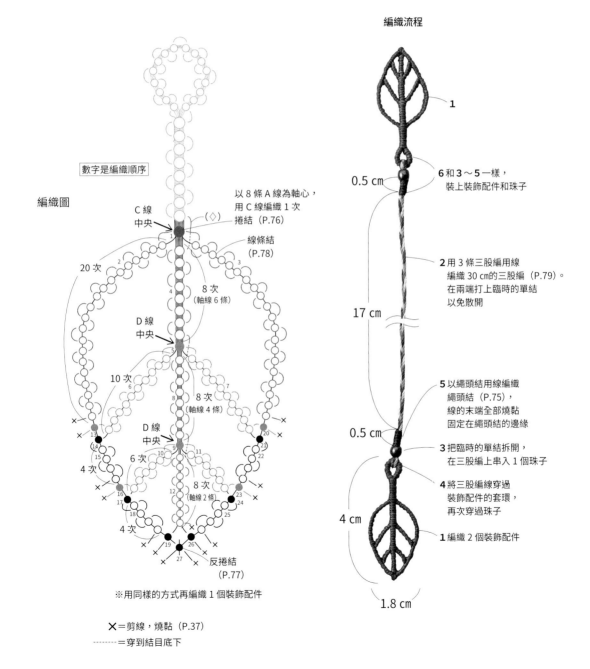

數字是編織順序

編織圖

C線中央

以8條A線為軸心，用C線編織1次捲結（P.76）

線條結（P.78）

20次

8次（軸線6條）

D線中央

10次

8次（軸線4條）

D線中央

6次

4次

8次（軸線2條）

4次

反捲結（P.77）

※用同樣的方式再編織1個裝飾配件

0.5 cm

6和3～5一樣，裝上裝飾配件和珠子

2用3條三股編用線編織30 cm的三股編（P.79）。在兩端打上臨時的單結以免散開

17 cm

5以繩頭結用線編織繩頭結（P.75），線的末端全部燒黏固定在繩頭結的邊緣

0.5 cm

3把臨時的單結拆開，在三股編上串入1個珠子

4將三股編線穿過裝飾配件的套環，再次穿過珠子

1編織2個裝飾配件

4 cm

1.8 cm

✕＝剪線，燒黏（P.37）

------＝穿到結目底下

55

Origen ►P.10,11

歐利亨 No.7, No.8, No.9

我接觸麥克拉梅的起源，就是從這個設計開始。

◎材料

◆蠟線（Linhasita）

A線 180cm × 1條　160cm × 1條

B線 160cm × 2條

C線 160cm × 2條

No.7 … 咖啡（567）A線　黃綠（90）B線
　　　淺橘（217）C線

No.8 … 紅（60）A線　深灰（392）B線
　　　米黃（315）C線

No.9 … 淺紫（207）A線　黃（218）B線
　　　紫（368）C線

◎成品尺寸

寬1.3cm　長約22cm

◎編織法

以「編織圖」的順序編織。

把線設置好，編織套環，並按照「編織圖」的指示
編織本體，然後在末端編織三股編。

線的設置法　　　　套環的編織法

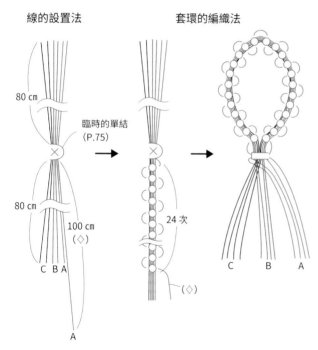

80cm

80cm

臨時的單結
（P.75）

100cm
（◇）

24次

C B A　　　C B A

（◇）

A

把6條線的前端拉齊，
上側保留80cm打上臨
時的單結（P.75），在
臨時單結的旁邊用夾
子夾住

用剩下100cm的A
線（◇）以其他5
條線為軸心，編織
24次線條結（P.78）

拆開臨時的單結，
把線條結接合成圈
狀，將線聚集成束
當作軸心，用編織
線條結的A線（◇）
編織1次平結（P.79）

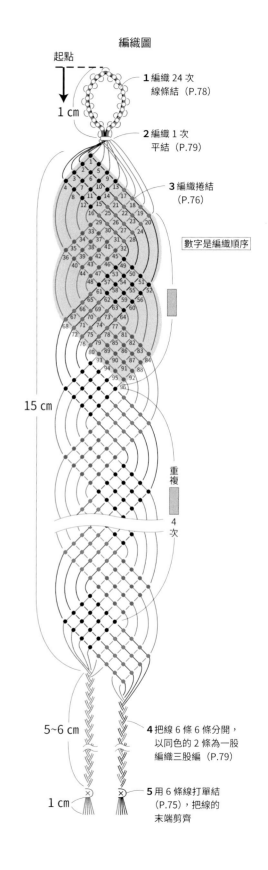

編織圖

起點

1cm

1編織24次
線條結（P.78）

2編織1次
平結（P.79）

3編織捲結
（P.76）

數字是編織順序

15cm

重複

4次

5~6cm

1cm

4把線6條6條分開，
以同色的2條為一股
編織三股編（P.79）

5用6條線打單結
（P.75），把線的
末端剪齊

Cruz ►P.16
克魯斯 No.15

以天然石珠子為重點的十字架裝飾配件。

◎材料（1組份）

◆蠟線（Linhasita）

紅（60） A線 25㎝×2條　B線 40㎝×4條
　　　　編織線C 30㎝×16條
　　　　D線 15㎝×2條（把捻合的線紗鬆開來取2條使用）

◆直徑5mm的天然石珠子　黃晶2個

◆耳環五金　金 1組

◎成品尺寸

約2.3㎝　長約3.8㎝（不含五金）

◎編織法

以「編織流程」的順序編織。
把線和珠子設置好，依照「編織圖」的指示
改變方向進行編織。最後安裝五金。

編織流程

2安裝耳環五金

1串入珠子，以捲結、
反捲結編織裝飾配件

線和珠子的設置法

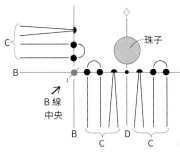

C

B

1

B線
中央

B　　C　D　C

在 2 條 B 線的中央編織反捲結（P.77）。
把 6 條 C 線套掛上去（P.76、77）。
D 線在上側保留 5 ㎝，以捲結套掛
上去，於上側的線上串入珠子

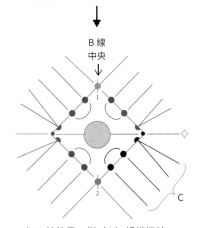

珠子

B線
中央

1

2

C

在 D 線的另一側（◇）編織捲結。
接著把 2 條 C 線套掛上去，
用 B 線編織反捲結

編織圖

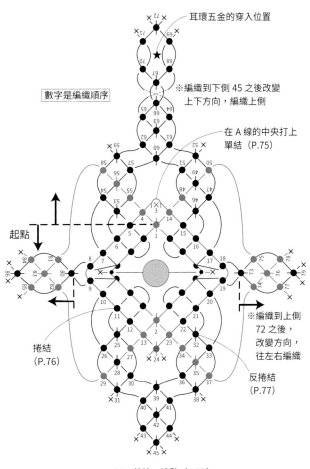

耳環五金的穿入位置

數字是編織順序

※編織到下側 45 之後改變
上下方向，編織上側

在 A 線的中央打上
單結（P.75）

起點

捲結
（P.76）

反捲結
（P.77）

※編織到上側
72 之後，
改變方向，
往左右編織

✕＝剪線，燒黏（P.37）

------＝把線穿到下側

Hoja ►P.17

歐哈 No.16

飄然落下的開洞葉子裝飾配件。
利用金屬製的珠子來增添特色。

◉材料（1個份）
◆蠟線（Linhasita）
咖啡（259）軸線 50㎝×1條　A線 90㎝×1條
綠（386）　B線 50㎝×6條
淡綠（231）C線 50㎝×2條
◆銅珠（Marchen Art）
　3㎜×4㎜ 古金（AC1132）　1個
　1㎜×5㎜ 古金（AC1133）　1個
◆C圈 6㎜×5㎜　古金　2個
◆夾式耳環五金　古金　1個

◉成品尺寸
寬約2.3cm　長約4.5cm（不含五金）

◉編織法
以「編織流程」的順序編織。

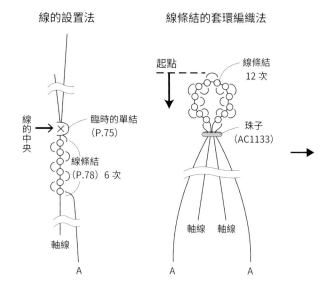

線的設置法

線條結的套環編織法

在軸線和 A 線 2 條線的中央打上臨時的單結，用夾子夾住。以 A 線編織 6 次線條結

把臨時的單結拆開，在另一側也編織 6 次線條結。把線條結的結目接成圈狀之後，將 4 條線聚集成束穿過珠子（AC1133）。如圖所示把線2 條 2 條左右分開

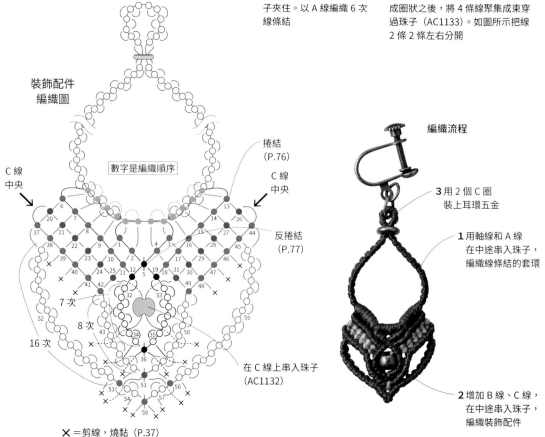

裝飾配件
編織圖

數字是編織順序

C 線
中央

C 線
中央

捲結
（P.76）

反捲結
（P.77）

在 C 線上串入珠子
（AC1132）

7 次

8 次

16 次

✕＝剪線，燒黏（P.37）

-------＝從線條結的軸心和套環之間穿過

編織流程

3 用 2 個 C 圈
裝上耳環五金

1 用軸線和 A 線
在中途串入珠子，
編織線條結的套環

2 增加 B 線、C 線，
在中途串入珠子，
編織裝飾配件

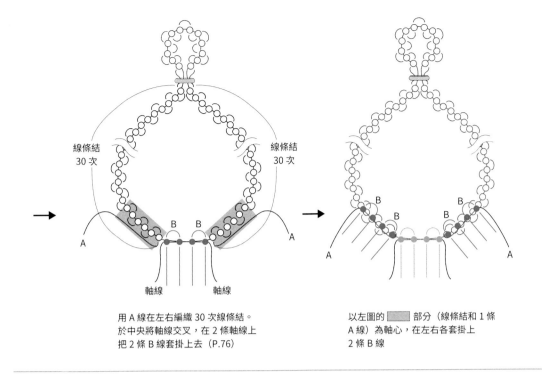

用 A 線在左右編織 30 次線條結。
於中央將軸線交叉，在 2 條軸線上
把 2 條 B 線套掛上去（P.76）

以左圖的 ▨▨ 部分（線條結和 1 條
A 線）為軸心，在左右各套掛上
2 條 B 線

掛繩 P.19、21、32以四股編法製成的簡單掛繩。可在兩端連接裝飾配件，十分便利。

◉**材料**（1條份）
◆蠟線（Linhasita）
A線 120㎝ × 4條　繩頭結用線 30㎝ × 2條
No.19 … 深灰（210）
No.21 … 卡其（64）
No.41 … 咖啡（205）
◆金屬珠子（Marchen Art）
極小 銅珠（AC1643）6個

◉**成品尺寸**
長約82㎝

◉**編織法**
以「編織流程」的
順序編織。

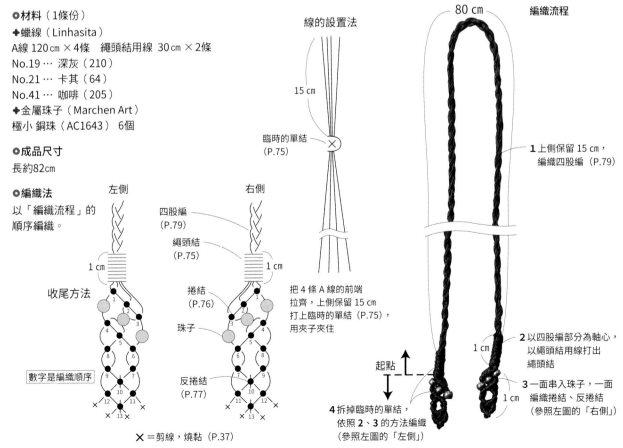

數字是編織順序

✕＝剪線，燒黏（P.37）

左側

右側

四股編
（P.79）

繩頭結
（P.75）

捲結
（P.76）

珠子

反捲結
（P.77）

收尾方法

1㎝

線的設置法

15㎝

臨時的單結
（P.75）

把 4 條 A 線的前端
拉齊，上側保留 15㎝
打上臨時的單結（P.75），
用夾子夾住

80㎝

編織流程

1 上側保留 15㎝，
編織四股編（P.79）

2 以四股編部分為軸心，
以繩頭結用線打出
繩頭結

3 一面串入珠子，一面
編織捲結、反捲結
（參照左圖的「右側」）

起點

1㎝

4 拆掉臨時的單結，
依照 **2**、**3** 的方法編織
（參照左圖的「左側」）

Fuego ►P.18
弗耶哥 No.17, No.18, No.19

把編完剩下的線尾紮成流蘇，來展現火焰的形象。
有附帶流蘇和無流蘇兩種設計。

◉**材料**（1個份）

◆蠟線（Linhasita）
A線 40 cm × 1條　B線 60 cm × 1條　C線 20 cm × 12條
D線 35 cm × 1條　E線 35 cm × 1條　F線 20 cm × 11條
繩頭結用線 25 cm × 5條
No.17、No.18 … 紅褐（60）A、B、E線　咖啡（234）C線、D線
繩頭結用線　橘（217）F線
No.19 … 紫（369）A、B、E線　藍（275）C線、D線
繩頭結用線　綠（367）F線

◆金屬珠子（Marchen Art）
No.17、No.18 … 極小 金（AC1641）12個
　　　　　　　　條紋小 金（AC1644）1個
No.19 … 極小 銀（AC1642）12個
　　　　　　條紋小 銀（AC1645）1個

◆C圈 6 mm × 5 mm
No.17、No.18 … 金　1個
No.19 … 銀　1個

◉**成品尺寸**
寬約2cm　長約5cm（不含五金）

◉**編織法**
以「編織流程」的順序編織。
把線和珠子設置好，依照「編織
圖」的指示加線，一面串入珠子一
面編織，再安裝五金。No.18和
No.19編完之後要繼續製作流蘇。

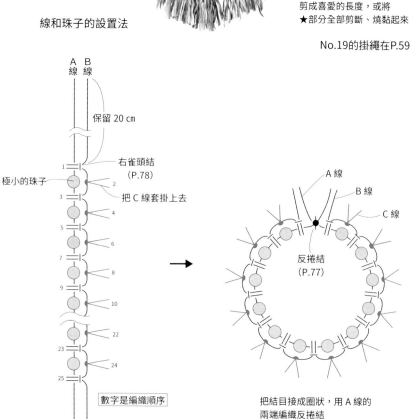

編織流程

2 把 2 條 E 線穿過 C 圈，
編織 2 次平結（P.79）

1 加線，一面串入珠子
一面編織

0.5 cm

3 把★聚集成束，以繩頭結
用線打出繩頭結（P.75）。
把線尾的捻合紗線鬆開，
剪成喜愛的長度，或將
★部分全部剪斷、燒黏起來

No.19的掛繩在P.59

線和珠子的設置法

A線　B線

保留 20 cm

右雀頭結
（P.78）

把 C 線套掛上去

極小的珠子

A 線
B 線
C 線

反捲結
（P.77）

數字是編織順序

把結目接成圈狀，用 A 線的
兩端編織反捲結

在 A 線的上側保留 20 cm作為軸心，用 B 線編織
右雀頭結。在 B 線上把 1 條 C 線套掛上去（P.77）。
在 A 線上串入 1 個極小的珠子。重複以上步驟，
共套掛上 12 條 C 線，串入 12 個珠子

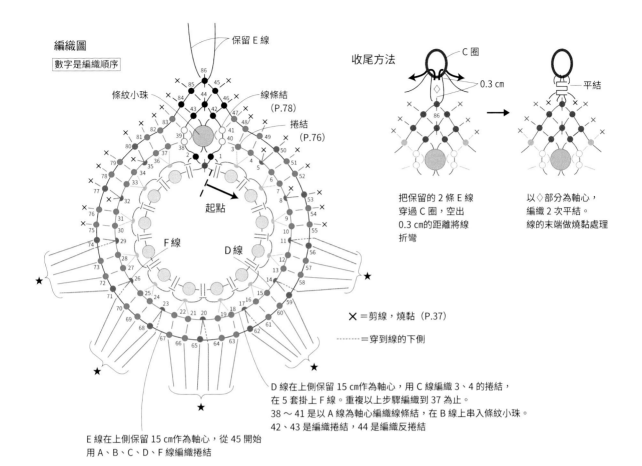

編織圖

數字是編織順序

保留 E 線

條紋小珠

線條結（P.78）

捲結（P.76）

起點

F 線

D 線

收尾方法

C 圈

0.3 cm

平結

把保留的 2 條 E 線穿過 C 圈，空出 0.3 cm的距離將線折彎

以◇部分為軸心，編織 2 次平結。線的末端做燒黏處理

✕ ＝剪線，燒黏（P.37）

┄┄┄＝穿到線的下側

D 線在上側保留 15 cm作為軸心，用 C 線編織 3、4 的捲結，在 5 套掛上 F 線。重複以上步驟編織到 37 為止。
38～41 是以 A 線為軸心編織線條結，在 B 線上串入條紋小珠。
42、43 是編織捲結，44 是編織反捲結

E 線在上側保留 15 cm作為軸心，從 45 開始
用 A、B、C、D、F 線編織捲結

Cordón de cámara ← P.14

柯爾冬・得・卡馬拉 No.12

用四股圓編製作的相機掛繩。

◉ **材料**

◆ 蠟線（Linhasita）

相機掛繩用線
　藍（228）　A線 300 cm × 6條

繩頭結用線　40 cm × 8條
　紫（69）　B線 300 cm × 2條
　土耳其藍（229）　C線 300 cm × 2條

相機連接繩　土耳其藍（229）　40 cm × 3條

◆ 直徑8mm的珠子　2個

◉ **成品尺寸**

粗細約直徑0.5 cm　長約116 cm

◉ **編織法**

以「編織流程」的順序編織。
把線設置好，從中央開始編織四股圓編，接著編織珠子和裝飾，把一側修飾完成。
另外一側也同樣從中央開始編織。

線的設置法

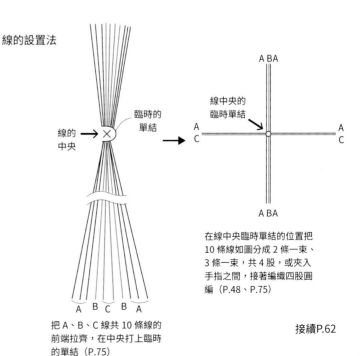

線的中央

臨時的單結

線中央的臨時單結

把 A、B、C 線共 10 條線的前端拉齊，在中央打上臨時的單結（P.75）

在線中央臨時單結的位置把 10 條線如圖分成 2 條一束、3 條一束，共 4 股，或夾入手指之間，接著編織四股圓編（P.48、P.75）

接續P.62

Cordón de cámara
柯爾冬・得・卡馬拉 No.12

編織流程

起點

12 把臨時的單結拆開，另一側也以同樣的方式編織

1 編織 20 cm的四股圓編（P.48 或 P.75）

7 在珠子上方的四股圓編上，以繩頭結用線打出 1 cm的繩頭結

2 把珠子穿到中央，在珠子的周圍編織線條結

8 在珠子下方的四股圓編上，以繩頭結用線打出 1 cm的繩頭結

3 編織 2 cm的四股圓編

4 以捲結、反捲結編織裝飾

9 在裝飾下方的四股編上方，以繩頭結用線打出 1 cm的繩頭結

5 以 2 條線為一股，編織 26 cm的四股編（P.79）

6 以繩頭結用線打出 1 cm的繩頭結（P.75）

10 緊貼著繩頭結，把下面的線 1 條 1 條打上單結（P.75）

8 cm

11 間隔 8 cm，把線 1 條 1 條打上單結，末端剪齊

珠子和裝飾的編織圖

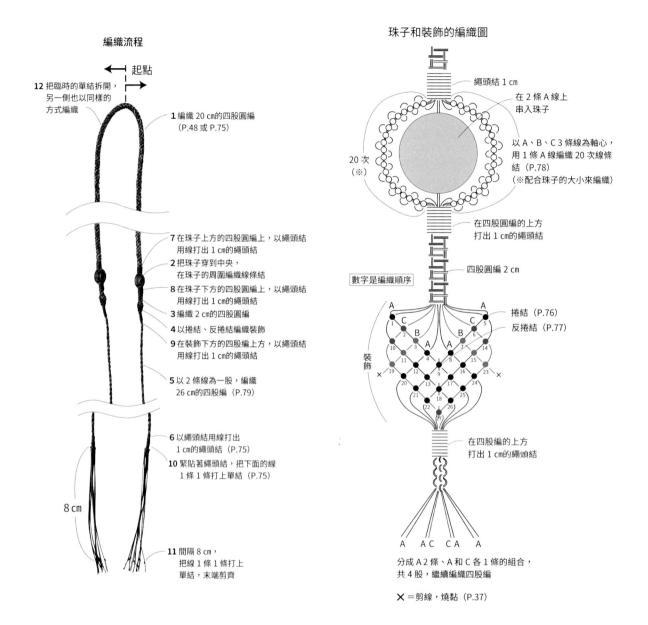

繩頭結 1 cm

在 2 條 A 線上串入珠子

以 A、B、C 3 條線為軸心，用 1 條 A 線編織 20 次線條結（P.78）（※配合珠子的大小來編織）

20 次（※）

在四股圓編的上方打出 1 cm的繩頭結

四股圓編 2 cm

數字是編織順序

捲結（P.76）

反捲結（P.77）

裝飾

在四股編的上方打出 1 cm的繩頭結

分成 A 2 條、A 和 C 各 1 條的組合，共 4 股，繼續編織四股編

✕ ＝剪線，燒黏（P.37）

和相機本體的連接方法在P.69

62

Espiral ► P.20,21
艾斯皮拉魯 No.20, No.21, No.22

以線條結編織出螺旋花樣為特徵的裝飾配件。
用法五花八門，可當成實用的吊墜，也可以製成飾品。

◎材料（1組份）

◆蠟線（Linhasita）
A線 80 cm × 2條　B線 60 cm × 2條
C線 70 cm × 2條　D線 40 cm × 2條
No.20 … 橘（217）
No.21 … 深綠（386）
No.22 … 綠（222）

◆直徑6mm的天然石 2個
No.20 … 綠柱石（綠）
No.21 … 綠柱石（藍）
No.22 … 綠柱石（粉紅）

◆配件
No.20 … 直徑4mm單圈　金 2個、
　　　　C圈　6mm×5mm　金 2個
No.21 … 直徑4mm單圈　金 2個、
　　　　C圈　6mm×5mm　金 1個
No.22 … 直徑4mm單圈　金 2個、
　　　　耳環五金　金 1組

◎編織法
以「編織流程」的順序編織。

編織流程

2 No.21 是用 C 圈把 2 個裝飾配件
連接起來。No.22 是安裝耳環
五金。No.20 是裝上 C 圈

1 把 A 線套掛在單圈上，邊加線
邊以捲結、反捲結、線條結編織，
並在中途串入天然石

No.21的掛繩在P.59

◎成品尺寸
寬約1.3cm
長約3cm（不含五金）

編織圖

數字是編織順序

左側　　　　　　　　　　右側

單圈　　把 A 線
起點　　套掛上去（P.77）
　　　　反捲結（P.77）
　　　　把 B 線
　　　　套掛上去（P.77）
　　　　線條結（P.78）

調整 C 線的
左右長度，
編織捲結來加線
25 cm

45 cm

9 次　　7 次　　5 次

D 線在上側保留 5 cm，
編織捲結來加線

捲結
（P.76）

在 D 線上
串入天然石

9 次　　9 次

19 次

起點　　A 線
　　　　B 線

5 次　　7 次

調整 C 線的左右
長度，編織捲結
來加線
25 cm

45 cm

9 次

9 次

9 次

19 次

編織 24、25 之前，
先把線條結弄圓
做出造型

✕ ＝剪線，燒黏（P.37）

------ ＝把線穿到下側

Bolsita ► P.22,23
波爾席塔 No.23, No.24

款式有可放入50元硬幣的小型、以及可收納製作麥克拉梅不可或缺的打火機的
略大型。把小型零錢包當成別針使用也很可愛。

◉材料（1個份）
◆蠟線（Linhasita）
No.23 … 黃（37）A線 100cm×6條、
繩頭結用線 20cm×2條
灰（665）B線 150cm×10條、C線 50cm×1條、
D線 20cm×2條、E線（把捻合的紗線鬆開來取1條使用）15cm×1條
No.24 … 紫（369）A線 150cm×6條、
繩頭結用線 20cm×2條
深紫（630）B線 240cm×10條、C線 80cm×1條、
D線 20cm×2條、
E線 15cm×1條（把捻合的紗線鬆開來取1條使用）
三股編織線　紫（369）120cm×1條
深紫（630）120cm×2條
固定用線　深紫（630）30cm×1條
◆直徑5mm的天然石　拉長石1個

◉成品尺寸
No.23 … 4cm × 5cm
No.24 … 4cm × 8cm

◉編織法
以「編織流程」的順序
編織。

編織流程

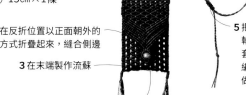

4 以三股編編織 90 cr
的掛繩，穿過本體
（只有 No.24）

5 把三股編部分重疊起來當作
軸心，將固定用線以平結的
套掛方法（P.79）套掛上去，
編織 5 次平結，線的末端
做燒黏處理（只有 No.24）

2 在反折位置以正面朝外的
方式折疊起來，縫合側邊

3 在末端製作流蘇

1 以捲結、反捲結、線條結
編織本體，串入天然石

C 線
中央
↓

起點

反捲結
(P.77)

★

捲結
(P.76)

把 6 條 A 線、10 條 B 線套掛
在 C 線上（P.77）。A 線的兩端
不必編織，放著備用

編織圖

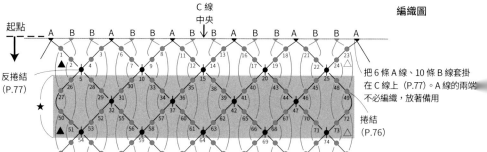

A B B A B B A B B A B B A B B A

掛繩的編織法（No.24）

起點

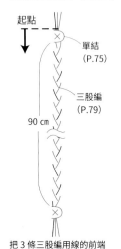

單結
(P.75)

三股編
(P.79)

90 cm

把 3 條三股編用線的前端
拉齊，3 條線一起打單結，
編織 90 cm 的三股編。穿過
本體的開口之後，在另一側
的末端用 3 條線打單結

數字是編織順序

No.23 是★的第 4 次、
No.24 是第 11 次，
在這個部分反折

※No.24 省略了
重複部分的記號圖

接續◇

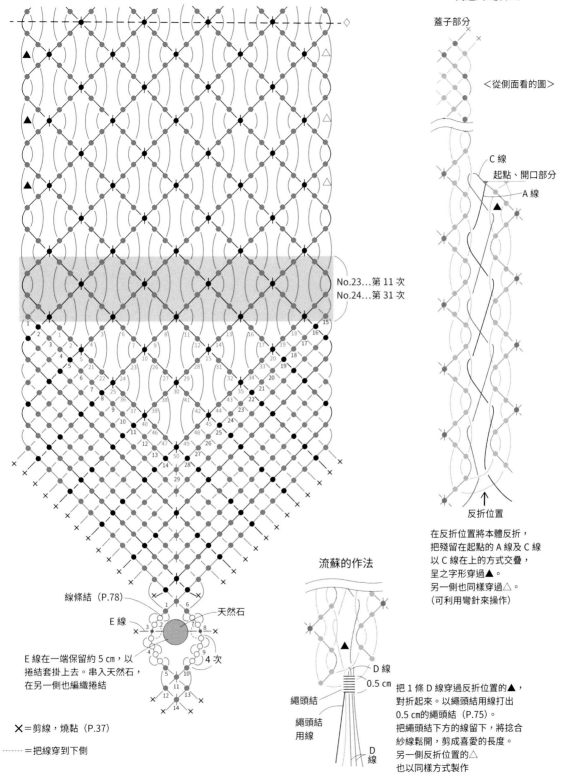

側邊的縫合法

蓋子部分

<從側面看的圖>

C 線
起點、開口部分
A 線

反折位置

No.23…第 11 次
No.24…第 31 次

在反折位置將本體反折，
把殘留在起點的 A 線及 C 線
以 C 線在上的方式交疊，
呈之字形穿過▲。
另一側也同樣穿過△。
（可利用彎針來操作）

流蘇的作法

D 線
0.5 ㎝
繩頭結
繩頭結用線
D 線

把 1 條 D 線穿過反折位置的▲，
對折起來。以繩頭結用線打出
0.5 ㎝的繩頭結（P.75）。
把繩頭結下方的線留下，將捻合
紗線鬆開，剪成喜愛的長度。
另一側反折位置的△
也以同樣方式製作

線條結（P.78）
天然石
E 線

E 線在一端保留約 5 ㎝，以
捲結套掛上去。串入天然石，
在另一側也編織捲結

✕＝剪線，燒黏（P.37）

------＝把線穿到下側

Reloj de pulsera roja ► P.26,27
列羅・得・普魯塞拉・羅哈 No.30

以微妙的紅色搭配來製作創意錶帶。

◖材料
◆蠟線（Linhasita）
紅（233）　A線 150cm×2條　　D線 60cm×2條
紅（50）　B線 150cm×4條
深紅（60）　C線 150cm×4條
◆銀色銅珠（Marchen Art）（AC1472）1個
◆錶帶安裝部分寬度為12mm的手錶 1只

◖成品尺寸
寬約1.1cm
長約22cm

◖編織法
以「編織流程」的順序編織。

編織圖

1 條 D 線
前端保留 5 cm

1 條 A 線
中央

起點

在 A 線上把 B 線、C 線各 2 條
套掛上去（P.76）

編織到 54 之後，將 D 線的
末端燒黏起來。穿過手錶
本體的安裝部分，把 A 線
拉緊，繼續從 55 開始編織

捲結
（P.76）

反捲結
（P.77）

8 cm

編織順序是以
這個要領重複

數字是編織順序

※另一側的錶帶也以
同樣方式編織
（收尾方法不同）

接續◇

編織順序是以這個要領重複

平結（P.79）
2 次

✕ ＝剪線，燒黏（P.37）

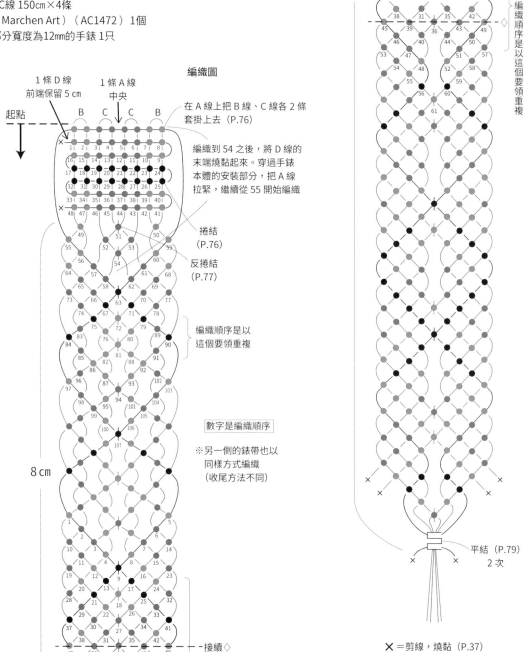

收尾方法 1

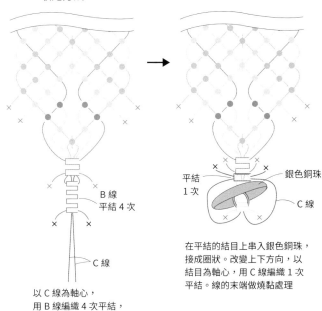

B 線
平結 4 次

C 線

以 C 線為軸心，
用 B 線編織 4 次平結，
將 B 線燒黏起來

平結
1 次

銀色銅珠

C 線

在平結的結目上串入銀色銅珠，
接成圈狀。改變上下方向，以
結目為軸心，用 C 線編織 1 次
平結。線的末端做燒黏處理

收尾方法 2

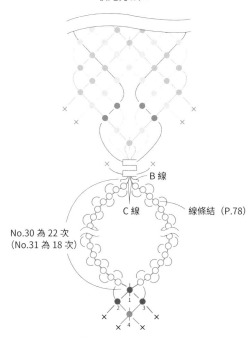

B 線

C 線

線條結（P.78）

No.30 為 22 次
（No.31 為 18 次）

1
2　3
4

No.30 是以 C 線為軸心，用 B 線往左右
編織 22 次線條結。
No.31 是以 A 線為軸心，用 A 線、C 線
往左右編織 18 次線條結。
接著再編織反捲結、捲結，最後做燒黏處理

編織流程
（除指定部分之外，No.31 也一樣）

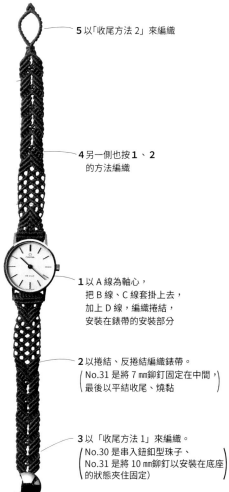

5 以「收尾方法 2」來編織

4 另一側也按 1、2
的方法編織

1 以 A 線為軸心，
把 B 線、C 線套掛上去，
加上 D 線，編織捲結，
安裝在錶帶的安裝部分

2 以捲結、反捲結編織錶帶。
（No.31 是將 7 ㎜鉚釘固定在中間，）
（最後以平結收尾、燒黏　　　　　　）

3 以「收尾方法 1」來編織。
（No.30 是串入鈕釦型珠子、　　　　　）
（No.31 是將 10 ㎜鉚釘以安裝在底座）
（的狀態夾住固定　　　　　　　　　　）

67

Reloj de pulsera camuflaje ～P.28,29
列羅・得・普魯塞拉・卡姆弗拉黑 No.31

在迷彩錶帶上增添鉚釘裝飾的剛硬設計。

◎材料

◆蠟線（Linhasita）

咖啡（844） A線 150cm×6條　　D線 150cm×2條

駝色（222） B線 150cm×4條　　深綠（88） C線 150cm×6條

◆鉚釘 古金　7mm 方形 8個　10mm 方形 1個

◆錶帶安裝部分寬度為20mm的手錶 1只

◎編織法

以P.67「編織流程」的順序編織。

◎成品尺寸

寬約1.8cm　長約22cm

編織圖

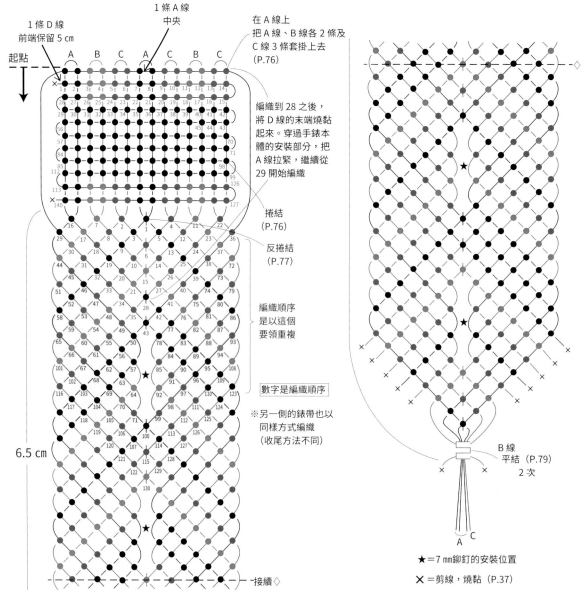

1 條 D 線
前端保留 5 cm

1 條 A 線
中央

在 A 線上
把 A 線、B 線各 2 條及
C 線 3 條套掛上去
（P.76）

起點

編織到 28 之後，
將 D 線的末端燒黏
起來。穿過手錶本
體的安裝部分，把
A 線拉緊，繼續從
29 開始編織

捲結
（P.76）

反捲結
（P.77）

編織順序
是以這個
要領重複

數字是編織順序

※另一側的錶帶也以
同樣方式編織
（收尾方法不同）

6.5 cm

B 線
平結（P.79）
2 次

接續◇

★＝7 mm鉚釘的安裝位置

✕＝剪線，燒黏（P.37）

收尾方法 1

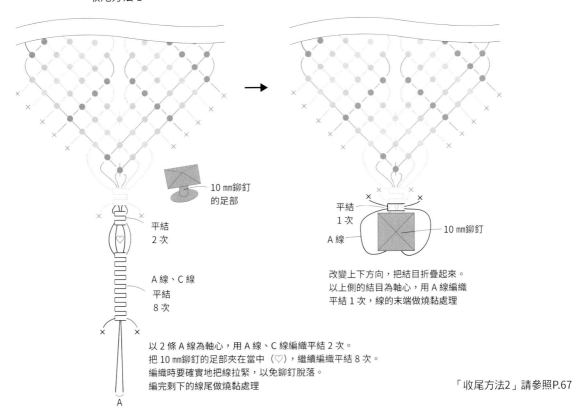

10 mm鉚釘
的足部

平結
2 次

A 線、C 線
平結
8 次

×

A

以 2 條 A 線為軸心，用 A 線、C 線編織平結 2 次。
把 10 mm鉚釘的足部夾在當中（♡），繼續編織平結 8 次。
編織時要確實地把線拉緊，以免鉚釘脫落。
編完剩下的線尾做燒黏處理

平結
1 次

A 線

10 mm鉚釘

改變上下方向，把結目折疊起來。
以上側的結目為軸心，用 A 線編織
平結 1 次，線的末端做燒黏處理

「收尾方法2」請參照P.67

Cordón de cámara
柯爾冬•得•卡馬拉 No.12

▶P.62的後續

和相機本體的連接方法

連接繩的
編織法

起點

單結（P.75）

三股編
（P.79）

30 cm

單結

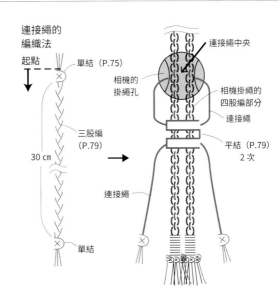

連接繩中央

相機的
掛繩孔

相機掛繩的
四股編部分

連接繩

平結（P.79）
2 次

連接繩

把相機連接繩的 3 條線前端
拉齊，3 條線一起打單結，
編織 30 cm的三股編。在末
端用 3 條線打單結之後剪齊

把連接繩穿過相機的掛繩孔，在
中央對折。以掛繩的四股編作為
軸心，用連接繩編 2 次平結。
※掛繩孔有 2 處的情況，請製作
2 條連接繩。每一邊的掛繩孔
各穿過 1 條，同樣用連接繩來
編織平結

Pirámide ► P.24,25
皮拉米得 No.25

四方型的金字塔造型指環。

◎材料
◆蠟線（Linhasita）
駝色（04） A線 80cm×3條
灰（665） B線 80cm×4條　D線 10cm×2條
灰（207） C線 80cm×4條
◆直徑6～7mm的天然石　拉長石1個

◎成品尺寸
依照自己的指圍來調整製作。

◎編織法
以「編織流程」的順序編織。把線和珠子設置好，
依照「編織圖」的指示，並配合想要製作的尺寸，
一側一側分別編織。最後把兩側接合成圈狀。

線和珠子的設置法

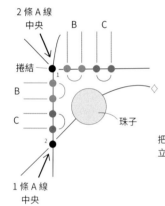

在 2 條 A 線的中央編織捲結（P.76），
把 B 線、C 線各 2 條套掛上去（P.76）。
加上 1 條 A 線，編織捲結，
最後串入珠子

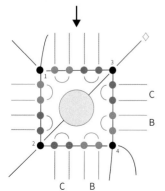

用加上去的 A 線的另一側（◇）編織捲結。
在開始的 2 條 A 線上分別繼續套掛上
B 線、C 線各 2 條，用 A 線編織捲結

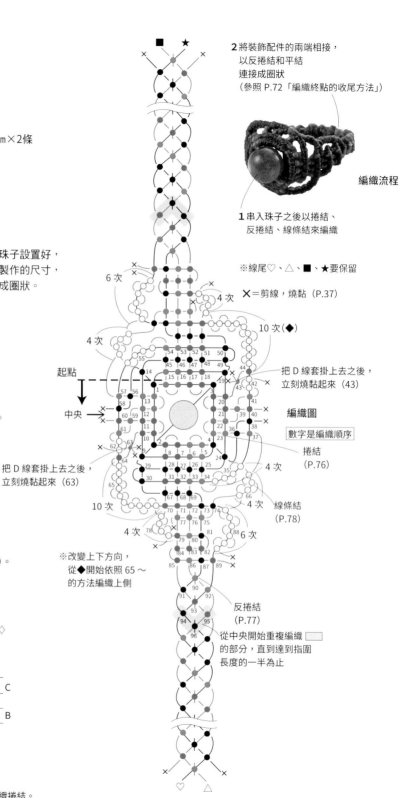

2 將裝飾配件的兩端相接，
　以反捲結和平結
　連接成圈狀
　（參照 P.72「編織終點的收尾方法」）

編織流程

1 串入珠子之後以捲結、
　反捲結、線條結來編織

※線尾♡、△、■、★要保留

✕＝剪線，燒黏（P.37）

把 D 線套掛上去之後，
立刻燒黏起來（43）

編織圖

數字是編織順序

捲結
（P.76）

線條結
（P.78）

反捲結
（P.77）

從中央開始重複編織 ☐
的部分，直到達到指圍
長度的一半為止

起點

中央

把 D 線套掛上去之後，
立刻燒黏起來（63）

※改變上下方向，
　從◆開始依照 65 ～
　的方法編織上側

Pirámide ► P.24,25
皮拉米得　No.26

以流動的設計為重點的金字塔造型指環。

◎**材料**

◆蠟線（Linhasita）
深咖啡（593）A線 80cm×3條
深咖啡（205）B線 80cm×4條
咖啡（516）C線 80cm×4條
◆直徑6～7mm的天然石　拉長石 1個

◎**成品尺寸**

依照自己的指圍來調整製作。

◎**編織法**

以「編織流程」的順序編織。把線和珠子設置好，
依照「編織圖」的指示，並配合想要製作的尺寸，
一側一側分別編織。最後把兩側接合成圈狀。

線和珠子的設置法

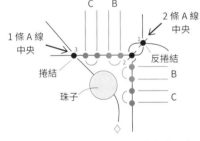

C　B

1 條 A 線中央
2 條 A 線中央
反捲結
捲結
B
珠子
C

在 2 條 A 線的中央編織 2 次反捲結（P.77），
把 B 線、C 線各 2 條套掛上去（P.76）。
加上 1 條 A 線，編織捲結（P.76），
最後串入珠子

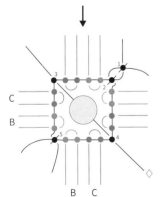

C
B
B　C

用加上去的 A 線的另一側（◇）編織捲結。
在開始的 2 條 A 線上分別繼續套掛上
B 線、C 線，用 A 線編織反捲結

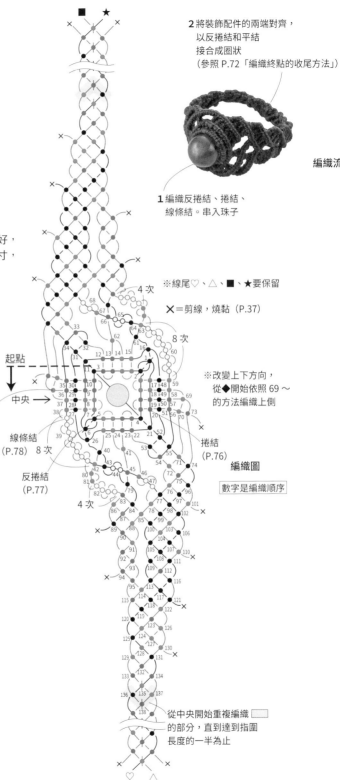

2 將裝飾配件的兩端對齊，
以反捲結和平結
接合成圈狀
（參照 P.72「編織終點的收尾方法」）

編織流程

1 編織反捲結、捲結、
線條結。串入珠子

※線尾♡、△、■、★要保留

✕＝剪線，燒黏（P.37）

※改變上下方向，
從◆開始依照 69 ～
的方法編織上側

起點
中央

線條結
（P.78）8 次

反捲結
（P.77）

捲結
（P.76）

編織圖

数字是編織順序

4 次
8 次
4 次

從中央開始重複編織 ▭
的部分，直到達到指圍
長度的一半為止

71

Sombra ► P.24,25
桑布拉 No.27, No.28, No.29

以小顆的天然石珠子為重點的簡單指環。

⊙材料
◆蠟線（Linhasita）
A線 50cm×8條、B線 15cm×1條（把捻合的線紗鬆開來取1條使用）
No.27 … 灰（208）
No.28 … 綠（228）
No.29 … 粉紅 （239）
◆天然石珠子
No.27 … 2mm×3mm 碧璽 1個
No.28 … 直徑3mm 紅玉髓 1個
No.29 … 2mm×3mm 碧璽 1個

⊙成品尺寸
依照自己的指圍來調整製作。

⊙編織法
以「編織流程」
的順序編織。

線的設置法

珠子的串入法

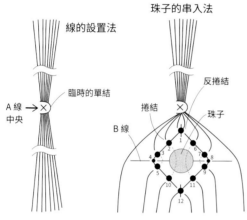

把 8 條 A 線的前端
拉齊，在中央打上
臨時的單結（P.75），
用夾子夾住

用 A 線依序編織反捲結（P.77）和
捲結（P.76），在中途加上 B 線
編織。在 B 線上串入珠子來編織

編織終點的收尾方法

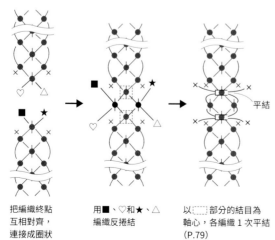

把編織終點
互相對齊，
連接成圈狀

用■、♡和★、△
編織反捲結

以 部分的結目為
軸心，各編織 1 次平結
（P.79）

平結

編織圖

編織流程
2 將裝飾配件的兩端對齊，
　以反捲結和平結
　接合成圈狀

1 在中央串入珠子，
　以反捲結、捲結、
　線條結來編織

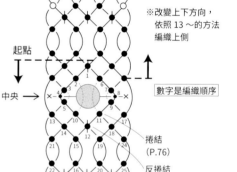

※改變上下方向，
　依照 13 ～的方法
　編織上側

起點

中央 →

數字是編織順序

捲結
（P.76）

反捲結
（P.77）

線條結
（P.78）

從中央開始重複編織
的部分，直到達到指圍
長度的一半為止

※線的末端♡、△、■、★要保留

✕＝剪線，燒黏（P.37）
------＝把線穿到珠子下方

Horizontal montura simple - P.30,31

歐力松塔魯•蒙圖拉•辛普雷　No.36, No.37, No.38, No.39

把天然石用單層邊框包起來，再從邊框繼續製作橫形套環。

◉材料

◆蠟線（Linhasita）

No.36 … 灰（665）　編線 100cm×1條
　　軸線A 40cm×1條　軸線B 60cm×1條
No.37 … 咖啡（207）　編線 180cm×1條
　　軸線A 60cm×1條　軸線B 90cm×1條
No.38 … 深紅（630）　編線 150cm×1條
　　軸線A 50cm×1條　軸線B 80cm×1條
No.39 … 淺咖啡（511）　編線 160cm×1條
　　軸線A 50cm×1條　軸線B 80cm×1條

◆天然石

No.36 … 紅紋石（13mm×11mm：
　　原石周長約4.2cm　厚度5mm）1個
No.37 … 黑曜石（25mm×21mm：
　　原石周長約7.5cm　厚度5.6mm）1個
No.38 … 蛋白石（17mm×14mm：
　　原石周長約5cm　厚度5.5mm）1個
No.39 … 祖母綠（22mm×19mm：
　　原石周長約6.5cm　厚度4.5mm）1個

◉成品尺寸

No.36 … 長 2.4 cm
No.37 … 長 2.7 cm
No.38 … 長 2.7 cm
No.39 … 長 3.9 cm

◉編織法

參照P.41～P.43的「單層邊框的原石包框（縱形套環）」來編織。
以「編織流程」的順序編織。

編織圖

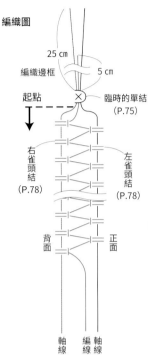

25 cm
5 cm
起點
臨時的單結（P.75）
編織邊框
右雀頭結（P.78）
左雀頭結（P.78）
背面
正面
軸線B　編線　軸線A

編織流程

3 編織橫形套環
2 收緊邊框，固定原石
1 編織單層邊框

軸線保留 25 cm、編線保留 5 cm，開始編織。先編織出比原石周長（參照材料）減少約 2 個結目份的長度。邊框寬度參照下表。收緊邊框的作法和 P.42 相同

	邊框寬度
No.36	5～6 mm
No.37	7 mm
No.38	7 mm
No.39	6～7 mm

橫形套環的編織法

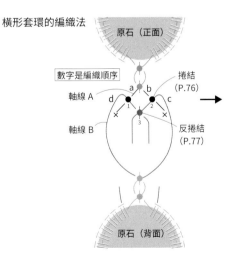

數字是編織順序
軸線 A
軸線 B
捲結（P.76）
反捲結（P.77）

用正面、背面的軸線 A、B（a～d）來編織。
最後將 a 線、b 線燒黏起來

╳＝剪線，燒黏（P.37）

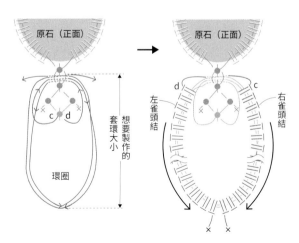

原石（正面）
套環大小
環圈

把軸線 B（c、d）從正面、背面的反捲結之間穿過，做出雙重環圈。
（依照想要製作的套環大小來做出環圈）

------ ＝從結目之間穿過

原石（正面）
左雀頭結
右雀頭結

以雙重環圈為軸心，不留任何縫隙地往左右編織雀頭結。
將 c 線、d 線、編線燒黏起來

Montura doble adorno - P.32,33
蒙圖拉・都普雷・阿多魯諾 No.42, No.43

讓2色的雙層邊框更顯華麗的
裝飾性套環。

◉材料
◆蠟線（Linhasita）
No.42 ⋯ 淺咖啡（567） 編線A 180cm×1條
　　軸線A、B各70cm×1條
　　咖啡（28） 編線B 120cm×1條　軸線C 70cm×1條
No.43 ⋯ 米黃（223） 編線A 160cm×1條
　　軸線A、B各60cm×1條
　　卡其（222） 編線B 100cm×1條　軸線C 60cm×1條
◆天然石
No.42 ⋯ 火瑪瑙（22mm×26mm：
　　原石周長約7.5cm、厚度6mm）1個
No.43 ⋯ 玉（17.5mm×17.5mm：
　　原石周長約5.5cm、厚度7mm）1個
共通
◆金屬珠子（Marchen Art）
極小 銅珠（AC1643）1個

◉成品尺寸
No.42 ⋯ 長 3.6cm
No.43 ⋯ 長 3.3cm

◉編織法
參照P.44～P.45的「雙層邊框的原石
包框」來編織。
以「編織流程」的順序編織。

編織流程

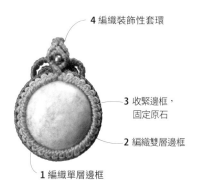

4 編織裝飾性套環

3 收緊邊框，
固定原石

2 編織雙層邊框

1 編織單層邊框

先編織出原石周長（參照材料）80% 左右的長度。
邊框寬度參照下表。雙層邊框的編織法、收緊邊框
的作法和 P.44 ～ P.45 相同

	邊框寬度
No.42	7～8 mm
No.43	8～9 mm

裝飾性套環的編織法

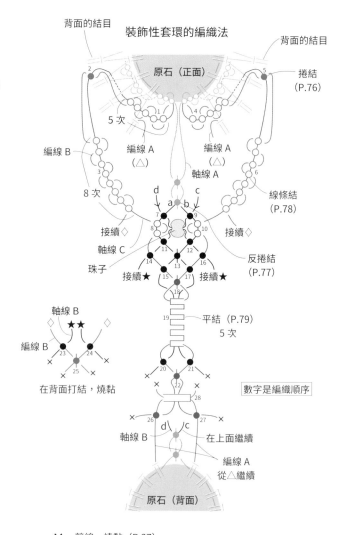

背面的結目

捲結
（P.76）

5 次

編線 B

編線 A
（△）

編線 A
（△）

軸線 A

8 次

線條結
（P.78）

d　c
a　b

接續◇

接續◇

軸線 C

反捲結
（P.77）

珠子

接續★

接續★

軸線 B

★★

編線 B

在背面打結，燒黏

平結 （P.79）
5 次

數字是編織順序

軸線 B

在上面繼續

編線 A
從△繼續

原石（背面）

✕＝剪線，燒黏（P.37）

------＝把線從雀頭結的 2 條線下方穿過

用正面的編線 B、軸線 C、軸線 A（a、b）、
背面的軸線 B（c、d）編織。編織到 22 之後，
在背面用編線 B、軸線 B（c、d）編織（23 ～ 25），
再剪線燒黏。以編線 A 為軸心，在 22 的附近編織
捲結（26、27）。拉出編線 A 做出環圈，以軸線 C
為軸心，用編線 A 編織 1 次平結（28）。剩下的線
以燒黏的方式收尾

基本的編結法

POINT 1 　編出漂亮的結的重點在於，結目小且大小一致。為了不讓結目與結目之間的軸線露出，必須花點力氣緊密編織。軸線要依照圖的進行方向來拉，編線要盡量朝著180度反方向拉，這樣才能把結目牢牢收緊。拉線的力道要保持一致，結目才會整齊美觀。

POINT 2 　線要準備得稍長一點。若是編織到中途才發覺線不夠長的話，就無法繼續編織下去了。隨著編織時的收緊方式以及穿戴作品之人的尺寸偏好，使用的線長會略有改變。剛開始製作的時候建議把線準備得長一點，並在完成時把剩餘的長度記錄下來。知道自己需要的長度是多少之後，下次製作同樣的東西時就可作為參考。

POINT 3 　第一次編織的時候，最好先試編一下。藉由試編，就能掌握配合設計把結目緊密收攏或留出固定間隔的重點。

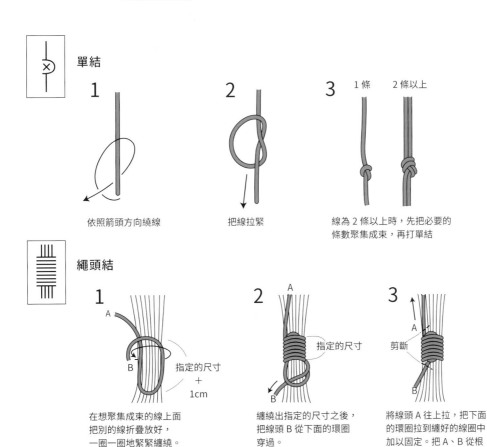

單結

1 依照箭頭方向繞線

2 把線拉緊

3 1條　2條以上
線為 2 條以上時，先把必要的條數聚集成束，再打單結

繩頭結

1 在想聚集成束的線上面把別的線折疊放好，一圈一圈地緊緊纏繞。
指定的尺寸 + 1cm

2 纏繞出指定的尺寸之後，把線頭 B 從下面的環圈穿過。
指定的尺寸

3 將線頭 A 往上拉，把下面的環圈拉到纏好的線圈中加以固定。把 A、B 從根部剪斷。
剪斷

四股圓編（以手掌操作的編織法請參照P.48）

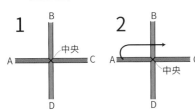

1 把 4 條線拉開呈十字形擺放或排列好
B・中央・A・C・D

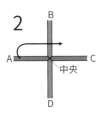

2 以向右旋轉的方式把線重疊。把 A 疊在 B 上
B・中央・A・C・D

3 同樣地把 B 疊在 C 上，把 C 疊在 D 上，最後的 D 是從疊上 A 時形成的環圈中穿過去
B・A・C・D

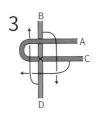

4 往 4 個方向拉線收緊
D・A・C・B

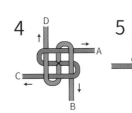

5 編完 1 次的樣子

6 重複編織下去，結目就會以扭轉的形態堆疊在 5 的上面

● 捲結

 向右側進行的情況

1
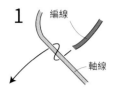
編線
軸線

在繃緊的軸線上，把編線
往下、往上、往下纏繞，
拉緊

2
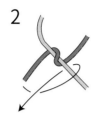

依照箭頭方向，在軸線
上往上、往下纏繞，穿
過下方的環圈

3
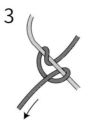

把下側的編線拉緊

4

完成 1 個結目

5
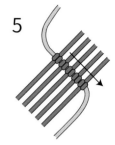

如果要增加結目，
就將編線加在 4 的
右側。

 向左側進行的情況

1

編線
軸線

在繃緊的軸線上，把編線
往下、往上、往下纏繞，
拉緊

2

依照箭頭方向，在軸線
上往上、往下纏繞，穿
過下方的環圈

3

把下側的編線拉緊

4

完成 1 個結目

5
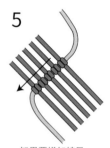

如果要增加結目，
就將編線加在 4 的
左側

 捲結的套掛方法A

1
中央
編線
軸線
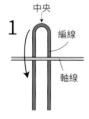

把編線對折，放置在
軸線的後方，將中央
往前折

2
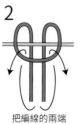

把編線的兩端
從環圈中拉出

3

把編線的兩端
分別由前往後
掛在軸線上，
從環圈中拉出

4
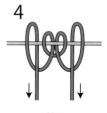

拉緊

5

完成

●反捲結

 向右側進行的情況

1

編線
軸線

在繃緊的軸線上,把編線
往上、往下、往上纏繞,
拉緊

2
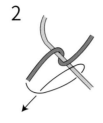

接著依照箭頭方向,在
軸線上往下、往上纏繞,
穿過下方的環圈

3

把下側的編線拉緊

4

完成1個結目

5
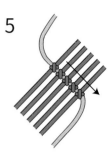

如果要增加結目,
就將編線加在4的
右側

 向左側進行的情況

1

編線
軸線

在繃緊的軸線上,把編線
往上、往下、往上纏繞,
拉緊

2
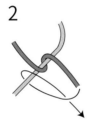

接著依照箭頭方向,在
軸線上往下、往上纏繞,
穿過下方的環圈

3

把下側的編線拉緊

4

完成1個結目

5
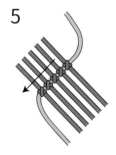

如果要增加結目,
就將編線加在4的
左側

 捲結的套掛方法B

1
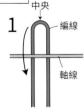
中央
編線
軸線

把編線對折,放置在
軸線的後方,將環圈
往前折

2
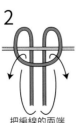

把編線的兩端
從環圈中拉出,
拉緊

3

完成

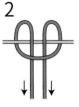 捲結的套掛方法C

1

把編線對折,放置在
軸線的後方。接著把
編線的兩端從環圈中
穿過去

軸線
編線
中央

2
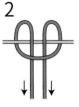

把編線拉緊

3
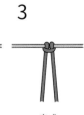

完成

線條結

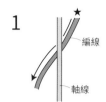

1

編線

軸線

把軸線繃緊，編線
置於右側，依照箭頭
方向從軸線的下面
穿過，移動到左側

2

從軸線的上面
繞到下面

3

拉緊。
這樣就完成了 1 次線條結。
（從右側往左側編織的
情況）

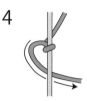

4

接著把位在左側的編線
依照箭頭方向從軸線的
下面穿過，移動到右側

5

從軸線的上面往
下面繞

6

拉緊。
又完成了 1 次線條結。
（從左側往右側編織的
情況）

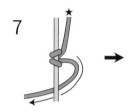

7

線條結
8 次

重複 1～6 的步驟。
編織時要注意，編織方向會隨著起編
時的編線位置（記號圖★）而改變。

 左雀頭結

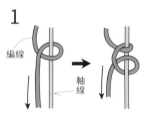

1

編線

軸線

在軸線上把編線從左側開始纏繞，
先由上往下穿過拉緊，再由下往上
穿過拉緊

2

編線在左側穿出，
完成 1 次

編織 4 次
的樣子

※編織時要緊緊地把結目
收緊，才能編織出毫無
縫隙的漂亮作品

 右雀頭結

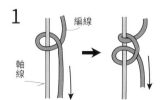

1

編線

軸線

在軸線上把編線從右側開始纏繞，
先由上往下穿過拉緊，再由下往上
穿過拉緊

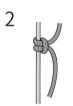

2

編線在右側穿出，
完成 1 次

編織 4 次
的樣子

※編織時要緊緊地把結目
收緊，才能編織出毫無
縫隙的漂亮作品

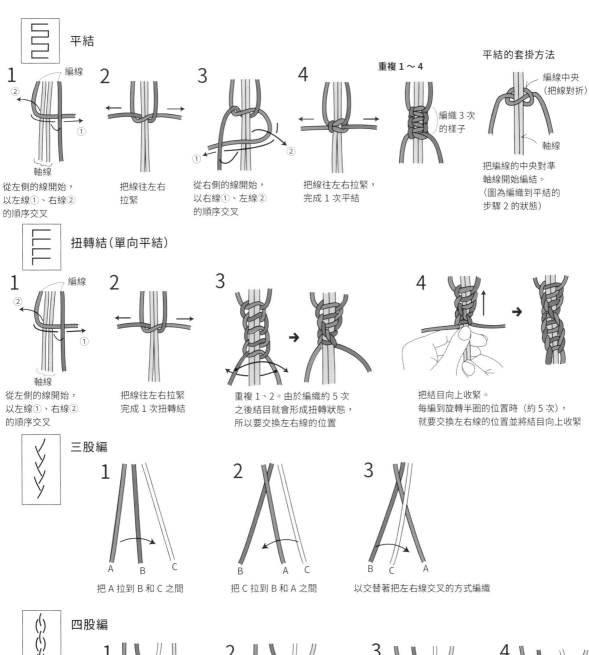

平結

1 編線 / 軸線

從左側的線開始，以左線①、右線②的順序交叉

2 把線往左右拉緊

3 從右側的線開始，以右線①、左線②的順序交叉

4 把線往左右拉緊，完成1次平結

重複1～4

編織3次的樣子

平結的套掛方法

編線中央（把線對折）/ 軸線

把編線的中央對準軸線開始編結。
（圖為編織到平結的步驟2的狀態）

扭轉結（單向平結）

1 編線 / 軸線

從左側的線開始，以左線①、右線②的順序交叉

2 把線往左右拉緊，完成1次扭轉結

3 重複1、2。由於編織約5次之後結目就會形成扭轉狀態，所以要交替左右線的位置

4 把結目向上收緊。
每編到旋轉半圈的位置時（約5次），就要交換左右線的位置並將結目向上收緊

三股編

1 把A拉到B和C之間

A B C

2 把C拉到B和A之間

B A C

3 以交替著把左右線交叉的方式編織

B C A

四股編

1 把C疊在B的上方交叉。
把D穿過B和C的下方，從上方拉到C和B之間

A C B D

2 把A穿過C、D的下方，從上方拉到D和C之間

A C D B

3 把B穿過D、A的下方，從上方拉到A和D之間

C A D

4 以同樣的要領把兩邊的線左右交替著纏繞編織下去

C A B D

鎌田武志　Kamada Takeshi

1981年出生於日本東京。
2003年在加拿大安大略省住了1年。
2005年再次回到加拿大，從當地前往中南美洲旅行3年。
在旅程中邂逅了麥克拉梅（macrame），憑藉一己之力學會編結技巧。
回國後在淺草學習鞋子的設計和打版。
2011年起以anudo之名出道，開始從事麥克拉梅的創作活動。
親赴海外礦山參與作品使用的天然石的採掘等等，
從創意源頭的中南美洲開始，足跡遍及印度和馬達加斯加等地，
一面持續在世界各地旅行，一面從事作品的創作活動，
並在才藝教室及工作坊擔任講師。
anudo在西班牙文中有「連結」的意思，
可使用在繩編的製作上，也適用於人與人之間的友好關係。

HP:https://www.anudo.net
Shop: https://anudo-macrame-gemstone.com

攝影／西山航
造型／chizu
書本設計／繩田智子（L'espace）
編輯協助／相馬素子
作法協助・插圖／田中利佳
基礎插圖協助／MARCHEN ART株式會社（P.37、P.75～P.79）
校對／梶田ひろみ
編輯／飯田想美

國家圖書館出版品預行編目資料

一天就能完成的南美風繩編飾品／鎌田
武志著；許倩珮譯. -- 初版. -- 臺北市：
臺灣東販, 2018.12
80面；19×23.5公分
ISBN 978-986-475-856-2(平裝)

1. 編結　2. 手工藝

426.4　　　　　　　　　107019280

1 NICHI DE TSUKURERU MACRAME ACCESSORY
NANBEI DE DEATTA MUSUBI NO WAZA
© TAKESHI KAMADA 2018
Originally published in Japan in 2018 by SEKAI
BUNKA PUBLISHING INC.
Chinese translation rights arranged through TOHAN
CORPORATION, TOKYO.

材料購入來源

◎蠟繩（Linhasita公司製品）、原創夾子
anudo Shop:
https://anudo-macrame-gemstone.com

◎麥克拉梅專用繩、不鏽鋼線、珠子
　（Marchen Art株式會社）
http://marchen-art.co.jp
〒130-0015　東京都墨田区横網2-10-9
TEL 03-3623-3760　　FAX 03-3623-3766
電話服務時間　9:00～17:00（六、日、假日除外）

一天就能完成的南美風繩編飾品

2018年12月1日初版第一刷發行
2022年 1 月1日初版第五刷發行

作　　　者　　鎌田武志
譯　　　者　　許倩珮
編　　　輯　　陳映潔
發 行 人　　南部裕
發 行 所　　台灣東販股份有限公司
　　　　　　　＜地址＞台北市南京東路4段130號2F-1
　　　　　　　＜電話＞(02)2577-8878
　　　　　　　＜傳真＞(02)2577-8896
　　　　　　　＜網址＞www.tohan.com.tw
郵撥帳號　　1405049-4
法律顧問　　蕭雄淋律師
總 經 銷　　聯合發行股份有限公司
　　　　　　　＜電話＞(02)2917-8022